别让优秀的你
输给情绪

刘颖 / 著

文汇出版社

图书在版编目 (CIP) 数据

别让优秀的你输给情绪 / 刘颖著 . — 上海 ： 文汇
出版社 ,2018.5
　　ISBN 978-7-5496-2551-2

　　Ⅰ . ①别… Ⅱ . ①刘… Ⅲ . ①情绪 - 自我控制 - 通俗
读物 Ⅳ . ① B842.6-49

中国版本图书馆 CIP 数据核字 (2018) 第 077942 号

别让优秀的你输给情绪

著　　者 / 刘　颖
责任编辑 / 戴　铮
装帧设计 / 末 末 设 计室

出版发行 / 文匯出版社
　　　　　上海市威海路 755 号
　　　　　（邮政编码：200041）

经　　销 / 全国新华书店
印　　制 / 三河市龙林印务有限公司
版　　次 / 2018 年 5 月第 1 版
印　　次 / 2018 年 5 月第 1 次印刷
开　　本 / 710×1000　1/16
字　　数 / 158 千字
印　　张 / 15

书　　号 / ISBN 978-7-5496-2551-2
定　　价 / 38.00 元

前　言

　　《养性延命录》里说："喜怒无常，过之为害。"这句话说的是人们情志的变化。

　　所谓"情志"，是指人对客观事物的刺激做出的情绪方面的反应，即喜、怒、忧、思、悲、惊、恐。这就是心理学所讲的人类常见的七种情绪，也即中医所讲的"七情"。

　　七情六欲，人皆有之。情志是人类正常的生理现象，也就是我们对外界刺激和体内刺激的保护性反应：情绪波动。

　　关于情绪波动，如果调养有方，便有益于身心健康。但是，一些强烈的、不良的情绪波动，比如长期的消极、愤怒等会引起精神的过度紧张，影响身体健康，并可引发疾病。这就是中医所讲的"七情致病"，也即心理学所讲的情绪障碍。

　　一些心理学专家认为，"七情"是致病的主要内因，因为情绪的变化对人体来说有利有弊——开心、愉快等情绪利于健康，而愤怒、悲痛等情绪则会影响健康，进而导致产生一系列身心疾病。

这就需要"情志养生"，即调节情绪——通过自我疏导外界环境产生的负面情绪，转变自己错误的思维方式，将心情调节至最佳状态，从而达到身体健康的目的。

每个人都有情绪，但有的人总是被情绪左右，有的人却能掌控情绪。因此，我们的成长就是从被情绪左右到掌控情绪的过程。

如果我们的情绪出了大问题，那么我们的生命状态也会随之出现问题，比如诱发心理或生理方面的疾病。并且，如果情志不遂，在心理方面就会受到很多压力与困扰，也就难保身体健康了。

所以，要想拥有健康的身体，就要学会调节自己的情绪，将心情保持在平和、稳定的状态之中。那么，任何时候不管因为什么原因导致我们的心情多么糟糕，我们都要让自己平静下来。

作为一个成年人，如果我们不能有效地控制自己的情绪，那么，我们不但难以保证自己的健康，甚至还会导致整个人生输在情绪失控上，从而让我们无法顺利实现自己的梦想。

本书以控制情绪为立足点，从心理学角度讲述了如何掌控自己的心情和改善不良情绪的方法。通过认识情绪，了解情绪的影响、情绪与人生的关系，我们可以学会控制情绪，最后成为情绪的主人！

目 录
Contents

第六章　自信心：积极情绪的力量

第七章 平常心：向着阳光那方

第 一 章

情绪"操盘手"：别输在不懂情绪控制上

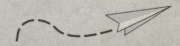

1. 情绪：伴人一生的巨大能量

常言道："人非草木，孰能无情？"是的，人是血肉之躯，是有情感的动物，怎么能没有七情六欲，又怎么能不产生情绪和情感呢？

心理学认为，作为一种独特的心理现象，人的情绪总是伴随着其他心理活动。而且，情绪是情感的内涵，情感是情绪的动机——二者同步异趋，却进退与共。

也就是说，无论是人们的所思所想，还是所作所为，都以一定的情绪为背景——所有的情感活动都伴随着相应的情绪。比如，高兴的情感会产生兴奋的情绪，伤心的情感会产生悲伤的情绪等。

由此可见，情绪是一个涉及面广泛的心理现象，主要在于"意义重大且又变化无常"。

从前，有一个裁缝在缝衣服时，发现一根缝衣针找不到了——奇怪的是，他就此产生了一种幻觉：自己误吞了缝衣针。

从此，他就觉得自己的喉咙特别不舒服，并隐隐地感到阵阵剧痛，后来甚至觉得整个喉部都肿了起来。这令他整天郁郁寡欢，非常不安，简直食不下咽。

后来，他不得不去看医生。医生让他张嘴，仔细察看了他的喉咙。看后，医生告诉他，他的喉咙里面没有缝衣针。可他并不信医生的话，因为他明显地感到喉咙不舒服，并且有一种疼痛感。这让他越来越痛苦，身体也每况愈下。

后来在收拾东西时，他无意中发现了那根遗失的缝衣针，这才明白原来自己犯了傻。于是，他豁然开朗了，满腔的疑虑与不安一下子都消除了，疼痛感也消失了。他的心情就像云开日出一样好转了。

从这个故事中，我们可以看出，情绪纯属主观体验——它具有很强的主观性，它的产生在很大程度上取决于个人的需要以及认识活动。

心理学认为，如果客观事物超出人的预期越大——当它无法满足个体的需要时，所引起的情绪反应也越强烈；反之，则越微弱。所以，情绪总是与事物及人的欲望、需要密切联系在一起。

情绪是在心理反应的作用下才产生的，决定它的具体因素有以下三个方面：

一、事物与人的需要的关系

心理学认为，决定情绪的主要因素是事物与人的需要之间的关系。因为，这种关系既可以决定情绪的积极性或消极性，又可以决定情绪的种类及发生的程度。

不过，事物本身并不能直接决定一个人的情绪，它必须通过人的

需要等主观认知才可以产生。也就是说，情绪是我们与事物之间的某种关系的反映。

比如，我们看上了一件非常喜欢的商品，想要买下来，但由于它价格太高而不能如愿——这时，我们的心中就可能会产生失望等消极情绪。

二、认知评价

心理学认为，一个人的认知评价是决定情绪发生的关键因素。

比如，在遇到挫折时，能够辩证认知评价的人，往往可以看到事物好的一面，能从中吸取失败的教训，并激励自己更加努力。而那些不能辩证认知评价的人，一遇到失败就会灰心丧气，产生悲观情绪，从而丧失进取心。

因此，认知评价是决定情绪发生的关键因素，但它又受一个人知识经验的多少、思考方式的合理与否、信念和价值观的坚定或正确等因素的影响。

三、预期关系

决定情绪的另一个重要因素，是事物与人的预期关系。也就是说，一个人会根据自己的经验、习惯对客观事物做出有心理意识的估量。

不过，人的预期是不断变化的，我们做出的估量也不是固定的。所以，对于某个问题，当我们没有充分意识到它时，它表现为潜意识的估量。而当我们充分意识到它时，它则表现为有意识的估量。

这就产生了情绪，或积极或消极，或强或弱。但不管是潜意识还是有意识，事物与人的预期之间的关系决定着情绪的发生程度。

情绪的产生与我们的心理和生活息息相关，所以，生活中有些人活得快乐自在，而有些人则活得痛苦不安。

当然，我们的生活是离不开情绪的，因为它时刻伴随着我们，并且左右着我们的一生。比如，生活中有些人因为难以掌控情绪，陷入了长期的苦恼和无奈之中。但到现在为止，人们对情绪的了解和研究依然没有达到令人满意的程度。

不过，既然情绪与我们的生活紧密相关，那我们就需要对它的基本情况做一些了解和研究——要像认识我们的身体一样充分地认识它、使用它，因为拥有健康、幸福人生的前提，就是必须能主宰自己的情绪。

所以，认识情绪、控制情绪是每个人的必修课。

2. 发现情绪变化的规律

"人有悲欢离合，月有阴晴圆缺。"是的，每个人都处在不断变化的情境当中。所以，我们的心情也会随着时间、周围的事物以及

他人，甚至天气的改变而不断地发生变化。

可以说，从某种程度上讲，情绪反映了我们对待外界事物的态度——并且，在一天之中，我们的情绪也会不断地变化，比如，有时很具体，有时则较为模糊；有时乐观，有时则悲观。

由此来看，情绪是一个人内心世界的"窗口"。不过，它不像天气一样变幻无常，而是有"章"可循。

心理学家德比·莫斯考维茨教授曾做过一项有趣的研究：她根据人一周的行为规律，详细地画出了一幅"工作节律图"。她认为，人的情绪变化在一周之内是有规律性的——并且，从周一到周五，每天的情绪变化都大不相同。

下面让我们来详细地了解一下：

星期一："精神逃避"日

莫斯考维茨教授经过长时间的调查发现，约有80%的人在星期一这天早晨起床后表现得情绪低落，特别是年轻的上班族，情况更为明显。

与此同时，莫斯考维茨教授还发现，星期一是职员请假的高峰日，而且请假的借口五花八门：有人说他的汽车车胎被扎了；有人说他前天晚上冲凉时感冒了；有人说他的外婆去世了——甚至一年内让外婆"死"了好几次，而且每次都是星期一。

这说明，星期一是人们的"精神逃避"日。经过周末的放松，人们的身心在星期一很难一下子切换到工作状态，所以在心理上会产生抵触情绪。这一天，人们的脑子仿佛"罢工"了，注意力和记忆力都跟不上，什么事也不想做。

星期二："埋头苦干"日

莫斯考维茨教授发现，星期二这天，人们纷纷会走出闲散状态，精神有所好转，对工作的处理也会步入正轨。

并且，因为在星期一堆积下了不少工作量，人们会感到压力很大，同时又知道逃避不了，所以在星期二这天会"埋头苦干"，工作效率因此会很高。

与此同时，人们在这一天的主观能动性也最强。

莫斯考维茨教授还发现，星期二下午还是求职者投递简历的高峰期。

星期三："郁郁寡欢"日

莫斯考维茨教授认为，星期三这天，人们的精力最旺盛，思维也最活跃，因为已经完全适应了忙碌的工作状态。

不过，一想到距离下个休息日还有两天时间，人们就会有一种如坐针毡、度日如年的感觉，这时心情刚刚愉快起来又会颓废下去，从而变得不开心。所以，这一天是"郁郁寡欢"日。

星期四："最难煎熬"日

莫斯考维茨教授发现，在星期四这天，人们的注意力最不坚定——那些最不好办的事，在这一天往往最容易办成。因为，人们大脑的神经系统在这一天最为松懈，变得非常好沟通，所以在这一天选择签约、谈判什么的，最容易成功。

莫斯考维茨教授分析称，在经历前三天高强度的工作之后，人们紧绷的大脑神经好像有些不听使唤，警惕性开始放松；再加上临近周末，要处理的事很多，会觉得这是"最难煎熬"的一天。为了解决工作给身体带来的疲惫感，人们往往会轻易地促成各种事情。

星期五："心甘情愿"日

莫斯考维茨教授认为，在星期五这天，人们为了能好好地享受周末，都希望对一周的事做个了断——所以，这一天的工作效率最高，一些平时看来棘手的事都能轻易地完成。因此，星期五为"心甘情愿"日。

这一天，人们工作时不但能保质保量，而且喜欢高风险的投资——还不会轻易出差错。因为，愉悦的情绪不仅能提高人的情商，还能提高人的智商。

情绪的起伏更迭很是神秘，并且世上人人个性不同，情绪的变化规律也都不相同，因此，我们不能断然地下定义。也就是说，同样的外界刺激对不同的人来说，未必就会产生相同的情绪。

这就是情绪差异现象。

有时候，情绪与人的动机有关。比如，发生了灾祸，有的人会心惊不安，有的人会十分同情，有的人则会幸灾乐祸。

要想了解情绪的变化，需要一定的阅历和观察，切不可妄下结论。还好，生活中有很多人可以觉察到自己的情绪规律。

比如，女性在每月一次的例假来临之际，都会有一些明显的情绪波动——有的在前几天会情绪低落，心情不好；有的会烦躁不安，不知做什么好；而有的则会情绪暴躁，碰到一点小事就大发脾气。凡此种种，都暗示了我们的情绪变化规律。

我们只要学会观察并掌握自己的情绪变化规律，多了解自己每天或每段时间所对应的情绪特点，就可以将工作安排得合理、得当，把生活过得愉快、开心。

3. 从认识情绪到掌控情绪

情绪是我们与生俱来的情感与思绪，不仅对人体健康有很大影响，甚至还关系到一个人事业的成功与否。

比如，我们在生活中表现出来的喜怒哀乐都是最常见的情绪，就像欢喜的时候会手舞足蹈，愤怒的时候会咬牙切齿，悲伤的时候会痛心疾首——这些反应、表现都是情绪所致。

换句话说，情绪就像我们的影子一样，每天都如影随形，想甩也甩不掉。因此，我们时时刻刻都能体验到情绪的存在，以及它给我们的心理和生理带来的影响与变化。

虽然情绪是我们正常的行为表达，但如果我们用"情"过度，就会损伤自己的身体。实际上，情绪比我们想象的要复杂得多——当我们被情绪左右时，行为也会受情绪所累。比如，很多人都在冲动的情绪下做出过错误的或令自己懊悔的决定。

因此，我们一定要先认识自己的情绪——在某种程度上了解情绪对我们会产生的影响，然后学习掌控自己的情绪，这样才有利于我们的身心健康。

有一个男孩子脾气很坏，他常常动不动就冲人发火，而且一发起火来，不是摔东西就是打人。这样一来，弄得家里的兄弟姐妹都没法与他和睦相处，也令父母大伤脑筋。

一天，父亲想出了一个办法，父亲送给男孩子一盒钉子与一块木板，并告诉他，每当情绪暴躁或发脾气的时候，就从盒子里拿出一枚钉子钉在木板上。

其实，男孩子也在为自己的暴脾气感到不安，因为这让他失去了很多与伙伴玩耍的机会。于是，他决定按照父亲的话去做：自己每发一次脾气，就在木板上钉一枚钉子。令他没想到的是，第一天，他竟然在木板上钉了35枚钉子！

"啊？我这一天竟然发了那么多次脾气！"看着密密麻麻的钉子，男孩子感叹道，这也令他感到非常难过。

于是，第二天他开始学着控制自己。令他欣喜的是，这一天他发脾气的次数比昨天减少了5次。到了第三天，他就更加努力地控制自己了，没想到，这一天比前一天又少钉了 5 枚钉子。

在以后的日子里，他更加努力地控制着自己。终于，有一天他一枚钉子都没有钉。这时，他才发现原来控制发脾气比钉钉子要容易得多。他非常高兴，就把这件事告诉了父亲。

父亲听后，对他说："从今以后，如果一天里你都没有发脾气，就可以将木板上的钉子拔掉一枚。"

男孩子又照着父亲的话去做了。日子一天天过去，只要他一天没发脾气，就将木板上的钉子拔掉一枚。渐渐地，木板上的钉子全被他拔光了。

这时，看着满是洞孔的木板，父亲对他说："孩子，你看这块原本光滑平整的木板，现在却是满满的洞孔。虽然你将上面的钉子拔去了，但这块木板却永远也恢复不到原来的样子了。

"这就像拿刀子捅了别人一样，即使后来伤口愈合，但伤疤也就留下了。这种情况，与你每次冲他人发脾气时说的那些刻薄话和做出的过分行为一样——虽然事情过后你会后悔，但你却在他人的心上留下了难以恢复的伤疤。那么，别人怎么能与你友好相处呢？"

从故事中我们可以看出，情绪就像脱缰的野马，如果任其自由发展而不加控制，就会伤人伤己。所以，认识自己的情绪，是我们控制情绪的第一步，也是非常关键的一步！

那么，我们该如何认识自己的情绪呢？美国教授丹尼尔·戈尔曼在《情商》一书中把人的情商能力及情绪认知概括为以下五个方面：

一、自我认知

丹尼尔·戈尔曼认为，首先要具备、培养认识自己情绪的能力，而这种自我认识、了解情绪的方式叫作自我认知。

二、情商能力

丹尼尔·戈尔曼认为，情商能力就是妥善地管理自己情绪的能力，它可以使我们的情绪不再像脱缰的野马，从而不使自己情绪化，能很好地控制住自己。

三、自我激励能力

丹尼尔·戈尔曼认为，自我激励能力能够使人不断地追求进步。

四、认识他人情绪的能力

丹尼尔·戈尔曼认为，一个人不光要有控制自己情绪的能力，还要有认识他人情绪的能力，这就叫"左右兼顾"——约束自己的同时，还要兼顾观察对方的表情和情绪。

五、人际关系处理能力

丹尼尔·戈尔曼认为，人际关系处理能力也是非常重要的情商能力，对人的社交有很大的影响。

此外，丹尼尔·戈尔曼还认为，情绪是一个人外向认知、外在意识所产生的情感反应。一般来讲，我们要想清楚地认识自我情绪，有以下四种方法：

一、情绪记录法

所谓"情绪记录法"，就是为自己列一个情绪记录表，从而做一个能了解情绪的有心人。

你可以在表上连续记录自己的情绪状况，比如某一情绪发生的时间和地点，某一情绪产生的过程与原因，并注明类型及影响，最好还能将当时的环境与参与的人物都一一记清楚。

之后，当你心情平静时，可以回过头来看看记录，并有意识地分析自己的情绪变化过程——这时，你就会有一种不一样的感受和收获。

二、情绪反思法

所谓"情绪反思法"，就是在抒发情绪之后进行自我反思，以了解自己当时的情绪反应是否正常。

你可以利用所列的情绪记录表来反思自己的情绪，比如，这种情绪产生的原因是什么？为什么当时我会有这种情绪？其中有哪些是消极情绪？如何控制不良情绪的发生？等等。

三、情绪恳谈法

所谓"情绪恳谈法"，就是通过借助他人的眼光认识自己的情绪状况。

比如，与父母、爱人、孩子、朋友、上司或同事等进行推心置腹的恳谈，诚意地请求他们对你提出一些情绪方面的看法和意见，使你更加了解自己的情绪状况，并想办法去应对。

四、情绪测试法

所谓"情绪测试法"，就是通过咨询专业心理咨询师，使自己获取有关自我情绪的认知与了解，并获得自我情绪的管理方法与建议。

4. 及时拆除负面情绪的"地雷"

生活中发生的很多事，都会让人产生不同的情绪——因为人是敏感的情感动物，稍微遇到点事，自己的情绪开关就会打开。特别是年轻的职场人士，在工作和生活中会有很多的不顺心，所以随时随地都有可能爆发负面情绪。

这样一来，我们一不注意就有可能触及自己或他人的"情绪地雷"，从而将自己或他人炸得"血肉模糊"——不仅伤人伤己，还可能造成无法收拾的惨局。

所以，我们平时应该学会觉察与控制自己的情绪，保持愉悦的心情，从而及时拆除"情绪地雷"，以免发生不好的事。

李静生了孩子后，刚刚才 30 岁的她变了一副模样：身材臃肿，脸蛋肥圆。这使她看上去老了好几岁，与读大学时那个苗条、漂亮的女孩子简直判若两人。再加上她平时不爱收拾打扮自己，穿衣总是很随便，所以只过了短短的几年时间，她给人的感觉完全像是一位不修边幅的街道大妈。

对于李静的形象，老公实在看不惯时，就会说她几句。但她总是满不在乎地说："我就爱这样——我又不参加选美，你管我呢！"然后，她仍然会我行我素。

一个周末，李静去逛街，在服装商场里碰到了大学同学张小可。自从毕业之后，她还是第一次遇到这位同学，于是就十分高兴地喊："小可，小可……"

"你……你认识我？"对方疑惑地问。

"哎哟，我怎么能不认识你呢？你不是张小可吗？"李静激动地说。

"没错。那你是谁呀？"对方仍然疑惑地问。

"你不认识了？我是李静呀！"李静的话音不由得提高了几分贝。

"你是李静？我的妈呀，不会吧？当初你那么漂亮，现在怎么变成这个样子了？看起来比我婆婆还老呢。"对方一脸的不可置信。

"什么？我比你婆婆还老？你是说我像一个老太婆？这怎么可能，怎么可能……哼，什么老同学，权当我们不认识好了！"说完，李静就气呼呼地转身走开了。

老同学的话把李静气了个半死，这让她再也无法保持淡定了。她觉得自己的心好像被刀扎一样难受——高涨的情绪使她变得狂躁不安，语无伦次……

回家后，李静的心情久久都不能平静，每每回想起与同学对话的

情景，她都气得要死。这种心情弄得她几天几夜都吃不香、睡不好——而且，只要一想起那情景，她的坏脾气就如洪水决堤一般暴发了。

她发誓一定要减肥，一定要买最漂亮的衣服穿，一定要好好打扮自己——给所有嘲笑自己的人看。

老公看到她现在的这个样子，心里想笑却又不敢笑，因为他知道，老婆的"情绪地雷"已经被她的同学踩到了！

生活中很多人都有"情绪地雷"，因为我们的情绪反应往往有着固定模式，一旦有人说出或做出一些让自己生气的事，它就会立即爆发。但是，很多人并没有意识到自己的"情绪地雷"在哪里。

其实，像李静这样的人有很多——只要有人提到某件让自己丢面子或不高兴的事，就会心情不爽，情绪爆发。比如：

有些人对"胖"的话题很敏感，只要你一提到肥胖的字眼，他就会产生负面情绪。

有些年轻人闲居在家，当有人说到工作或懒惰等话题时，他就会想："你在讽刺我呀！"

有些老年人对"老"字非常敏感，特别是女人——当别人一说起年龄时，她们就会坐立不安，怀疑你在指桑骂槐。

可见，每个人都有"情绪地雷"，并且危险区域广。对此，心理学家认为，每当特殊情境发生时，如果我们不去有意识地控制或规避，以后只要再碰到类似的状况，我们就会不假思索地做出不好的行为。

要想改变这种情绪反应，就要找出自己的"情绪地雷区"，从而做出相应的解压行动——这样才能控制我们的"情绪地雷"，不让它随时随地爆发。

那么，怎样才能找出自己的"情绪地雷"呢？心理学家告诉我们，这主要有以下几个方法：

一、自我情绪检视练习法

找一个空闲的时间，心平气和地回想一下，在过去的一个月内，自己是否出现过有如下情绪时的情境：

当发生哪些事时，我感到很伤心；

当遇到哪些事时，我感到很生气；

当碰到什么事时，我感到很害怕；

当出现什么情况时，我感到很烦躁；

当做什么工作时，我感到压力很大？

二、找出自己的底线

所谓底线，指的是心中那些根深蒂固的理念及想法，而这些思想往往会成为一个人一辈子坚守的原则——当有人逾越了自己的底线，心中的怒火就会一触即发，变成"情绪地雷"。

所以，我们要静下心来，好好想一想自己不可侵犯的底线是什么。想好之后，一一列出来，并时常提醒自己——这些地方是情绪雷区，然后努力去避开。

三、安排备份计划

世上的任何事都不可能只有一个标准，所以你也没必要说一不

二。因此，当他人没按照你的预期来回应你的计划时，你就应该想一想当下情形对自己好的一面。

你不妨提前安排一个备份计划，这样不但能使原计划顺利地进行并且完成，还会使自己的心情不那么激动——如此，"情绪地雷"也就不存在了。

四、敢于公开自己的"情绪死穴"

如果你确实不能很好地把握自己的"情绪地雷"，那么不妨索性将自己的底线昭告天下，以帮助周遭的人避开自己的"情绪地雷区"。

特别是作为领导或管理人员，你更应该将自己的"情绪地雷图"跟身边的人明示——当大家都知道不可触及你的那些底线的时候，他们会小心地避开，如此，就可以防止他人误闯你的"地雷丛林"。

其实，只要有人一提到某件事就会让你心中不快，那它就是你的"情绪地雷"。遇到这种情况，你也可以用自嘲的方法来避免生气。

此外，如果对方已经踩到你的"雷区"，你也可以直接平静地告诉他什么是你最不能容忍的，这样对方以后就会注意了。

总之，不管有什么负面情绪，切不可闷在心里，而要想办法去解决，这样才能让自己心情愉快。

5. 情绪"操盘手"：别输在不懂情绪控制上

有人说，情绪看似平常却能掌控我们的心，能左右我们的生活。尤其是当我们特别生气的时候，愤怒能让我们的智商降低为零，会给我们带来许多意想不到的麻烦。所以说，"冲动是魔鬼"这种说法一点没错。

反之，愉快的情绪会给我们带来快乐，让我们整天都高高兴兴的，觉得生活很美好。

情绪是一把双刃剑——好的时候，它可以成为我们的帮手，给我们带来愉悦的体验；而不好的时候，它就像一个可恶的破坏者，恣意扰乱我们的生活与心情。

所以，我们一定要学会掌控自己的情绪，并改善不良情绪，这样才能把握好自己的人生。

张乐是一家公司的老板，周一上班时由于赶时间，他闯了两次红灯。

警察拦住了他，让他出示了驾驶执照后，对他开了罚单。

这令他很是生气："我向来都是个遵纪守法的人，只有今天这一次例外。你们这些警察不去抓那些无证驾驶的三轮车，却来找我的麻烦，真是太过分了！"

到了公司之后，看到下属呈上来的报表，他发现最近公司的效益很差，各部门都没有达到规定的指标，这令他心里更为不悦。

于是，在每周一次的公司例会上，他毫不留情地批评了在场的所有人，特别是对公司的销售总监杜威进行了严厉的批评，责令他务必以身作则，率领各部门扭转公司的颓势，否则就让他卷铺盖走人。

杜威在例会上受了批评，心情自然不悦。回到办公室后，他越想越生气："我为公司出了那么多的力，哪个部门不是我一手抓起来的？公司少了我就会停滞不前，而你这个老板不过是个甩手掌柜。现在，因为效益上不去你就当众批评我，不但恐吓说要解雇我，还让我在下属面前下不来台，你也太过分了吧！"

这时，秘书走了过来，杜威立即气呼呼地问道："早上我要的那份文件你整理好了没有？"

"还没有呢，现在正在整理着，刚才有别的事，耽误了一会儿。"秘书说。

"什么？到现在都没有整理好，你干什么吃的？不就是几份文件吗？你什么都做不好，还总是找很多借口。现在，我命令你马上将这些文件整理好，如果办不到，就交给别人，别以为你在这儿干了一年多就是老员工了。"杜威毫不留情地说。

"啊？嗯嗯，好好。"秘书一听就气坏了，她心想："总监今天是怎么了，冲我发这么大的脾气，吃枪药了？要知道，这一年多来我一直很努力地工作，经常加班加点，难道他不知道吗？现在为这点小事就训我，也太欺负人了吧？"

下班回到家里，秘书仍然余怒未消。当她看到自己八岁的儿子正躺在沙发上看电视，还把零食的包装袋扔在地板上——这时，她在心头压了一天的火气又噌地蹿了出来。

啪的一声，她一拍桌子，冲儿子大吼："就知道看电视，就知道乱扔东西！跟你说了多少回了，放学后要先写作业，现在马上去写作业，不准再看电视了！"说完，她将电视关掉了。

"哼！不看就不看，有什么了不起的！"儿子说完，就气呼呼地回到自己的房间里，砰的一下关上了房门。

从这个故事中我们可以看到，情绪是会扩散或蔓延的——这股坏情绪从公司老板开始，最后竟被带到了一个八岁的孩子身上。

可见，情绪可以形成一个漫长的链条转移到别人身上，从而给他人带来不悦或伤害。而且，这种情绪的转移现象在生活中并不少见：当一个人的不良情绪无法得到正常的发泄和排解时，往往就会找一个出气筒。

但是，拿别人撒气是不公平的，尤其是当对方不吃你那一套，两股愤怒的情绪相撞时就容易发生冲突。所以，我们一定要学会克制自己的情绪，不要向别人乱撒气。

无法控制自己情绪的人，也一定无法掌控好周遭环境里所发生的事。因此，我们只有学会及时调整自己的情绪，扭转不良情绪，才可以使自己与他人感到愉悦。

希望以下几个方法能对你有所帮助：

一、轻轻地唱歌

有专家表示，唱歌是改善心情最简单的方法——因为歌声有助于放松身心，特别是那些令人愉快的歌声，更能让人心情好转。并且，唱歌时需要调整呼吸，这时你的整个身体都会随着节奏运动，从而分散对不良情绪的注意力。

可见，轻声哼唱自己喜欢的歌曲，是改善不良情绪的一种有效方法。

二、练习"不生气法"

当我们生气的时候，坏情绪就会赶走我们的好心情，而且越生气，坏心情越多，但这不能解决任何问题。所以，生气的时候我们一定要让自己认清一个事实——生气不但无法解决任何问题，还可能将事情弄得更糟。

所以，为了避免无意义的生气，我们可以练一下"不生气法"：默默地告诉自己，生气没有任何作用，我才不要自己气自己呢。

这样，在潜移默化之下，你就能学会整理自己的情绪，正确地判断一些事，从而缓解不良情绪的发作。

三、闻闻柠檬的香气

医学心理学研究发现，柠檬的香气可以提升人的好心情，因为它具有去忧、安神和止痛的作用。此外，美国俄亥俄州立大学经过研究也证实了这一理论：柠檬的味道可使人体血液中的能量激素——"正肾上腺素"的浓度增加。

所以，要想改善不良情绪，使心情变好，平时可以多闻闻柠檬的香气。

四、进行积极暗示

可以说，人生发展道路上所需要的精神食粮，每个人都应该学着自带——我们可以不断地给自己一些积极的心理暗示。

在每天早晨起床后，可以对着镜子给自己一个灿烂的微笑，并告诉自己："今天对我来说是非常美好的一天！"或者鼓励自己："今天我一定要让自己拥有最愉快的心情！"

争取做最好的自己，你就会发现自己变得越来越快乐了。

五、多使用蓝色的物品

心理学家认为，不同的颜色会给人带来不同的心情。比如，黑色容易激起人的怒气，红色最容易给人带来不安，橙色对人的刺激性最强……相比之下，只有蓝色是一种天然的心情"放松剂"，因为它可以让人心胸开朗，变得宽容起来。

所以，平时多穿蓝色的衣服或多使用蓝色的物品，可以缓解不良情绪的发生。

六、瑜伽运动

有人认为，瑜伽可以使人的心情归于平静。这是因为，在瑜伽动作中，身体向后弯曲的姿势可以改善大脑紧绷的神经系统，从而使人的性情平和起来。所以，练习瑜伽可以让你拥有好心情。

6. 你的情绪为何总被他人左右

众所周知，情绪是情感表现的外在反应，是人人都有的心理活动——并且，正常情况下，一个人的情绪往往能影响和感染别人的情绪反应。比如：

当我们欣赏一幅描绘优美大自然的风景名画时，大多数人瞬间就能陶醉在其中，并感觉自己与大自然融为一体。

当我们阅读一部感人的文学作品时，读到特别动情的地方，往往会怦然心动或潸然泪下。

这种情形就是情绪感染，也叫"情绪共鸣"。因为，在某种情绪的影响下，我们的内心会产生相同或相似的情感反应。这就像我们与他人交往时，对方的情绪也会或多或少带给我们一定的影响一样。

比如，当他人快乐地大笑时，我们也会感到高兴；当他人痛苦地哭泣时，我们也会感到难过——这都是因为我们受到了他人情绪的感染或影响。

"楚汉之争"中，刘邦经过垓下之战消灭了西楚霸王项羽。当时，刘邦的汉军把项羽的楚军重重包围了。

为了弱化楚军的抵抗力，刘邦的谋臣张良提议先切断楚军的粮草供给，而后在附近的彭城山上令汉军唱起了楚国歌曲，并令楚军俘虏随着一齐唱。

这样，当歌声传到楚军营里时，楚军士兵不由得勾起了思乡之意与伤感之情。

渐渐地，这些负面情绪蔓延开来，使楚军的斗志开始松懈了。

这些长年征战在外的楚军士兵，一方面思念自己的家乡与亲人；一方面为自己长久在外打仗而痛苦。而且，由于连日来粮草供应不足以及大军压境，他们整日处于饥饿交迫与惶恐之中——令人悲伤的楚国歌曲，更让他们的精神备受打击。

就这样，在"四面楚歌"之中，楚军士气松懈、斗志全无——当汉军冲过来时，楚军已无心恋战，他们逃跑的逃跑，投降的投降，很快就被全部打败了。

这时，项羽知道大势已去，觉得只剩下自己这个孤家寡人，真是"无颜见江东父老"，于是在乌江之畔拔剑自刎了。

可以说，张良的"四面楚歌"这一计谋用得恰到好处。如果用心

理学来解释，这种情况就是——张良充分利用了人类"情绪共鸣"的心理，从而让汉军不费吹灰之力地赢得了垓下之战。反过来说，就是楚军受到了大量负面情绪的感染与影响，才输掉了这场决定他们命运走向的战争。

由此可见，不良情绪感染所引起的"情绪共鸣"对我们是有害的。

是的，情绪的力量是巨大的，来自他人的负面情绪的影响也会给我们带来很大的伤害。所以，我们不是控制好自己的情绪就可以了，还应学会处理别人的情绪，这样才能远离负能量。

那么，我们该如何处理他人的情绪呢？希望以下几个方法能帮到你：

一、学会接受他人的情绪

所谓"接受"，意思是说：你这个样子，你说的话，我是接受的，我愿意跟你交往或沟通。所以，这不是对对方情绪的否定与忽视，更不是批判，而是接受。

但在接受之前，一定要判断或分析一下对方的情绪是否合理，是否对你有用，然后才能选择接受，并如实地告诉对方你的想法。

二、学会判断情绪的正、负

我们知道情绪有正、负之分，所以，当他人的情绪传递到我们跟前时，我们首先要做的就是正确地判断对方的情绪是正面的还是负面的，然后再决定如何处理——是欣然接受，还是断然拒绝。

我们要根据自己的判断处理对方的情绪，切不可不加分析就欣然接受或受其影响，从而做出一些过激的事来。

三、学会分享他人的情绪

面对一种情绪，我们不应当只是接受或拒绝，还应该学会分享。那么，如何分享他人的情绪呢？首先，要分享情绪的感受，然后再分享内容。因为，情绪能带给我们同样的感觉——当你感受到对方的情绪以后，可以巧妙地向对方描述他的情绪。

当对方了解到自己的表情、语言、音调及语气有不妥之处时，他也能感受到自己的情绪和状态，从而加以处理，不会再固执地坚持自己的思想。

四、学会与对方交换情绪

沟通时，当对方的情绪明显影响到你时，你也可以用自己的情绪去影响对方。比如，对方感觉自己吃亏了，很不高兴，这时你可以给予对方一些有价值的东西，从而消除对方的负面情绪。

当对方获得心理平衡后，再沟通下去就容易多了。

五、远离负能量的人

任何人都愿意接受快乐的、令人振奋的情绪，因为那能让我们积极向上，甚至能够令一个失意的人得到温暖。而那种消极的情绪，往往会让人悲观、消沉，做什么事都打不起精神。

负面情绪不但会打击我们的积极性，而且负能量越多，心理阴影会越积越厚——等积累到一定的程度就会害人害己。所以，对于那些总是给你带来负面情绪的人，请远离他们——不管他们是你的朋友、同学还是同事。

　　情绪有正、负之分，我们一定要学会分辨。负面情绪往往会给一个原本乐观的人带来心理上的阴影，所以千万不要被负面情绪所影响，不管在什么情况下，都要三思而行，不要轻易做出冲动的行为。

　　有时候，逆耳之言，并非忠言；温情脉脉，也并非真情。所以，你只有学会判断并正确地处理他人的情绪，才能成为人生赢家。

第 二 章

正面情绪：你的心理健康你做主

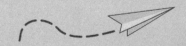

1. 定时清理"情绪垃圾"

著名心理咨询专家辛德勒博士说："对所有人来说，不良情绪都是有害的，保持良好情绪才能使人的身心受益。如果你想保持身体健康，一定要时刻注意控制自己的情绪，使自己处于快乐状态。"

人是敏感动物，生活中发生的一切都会让人产生不同的情绪：欢喜、愉快、兴奋、悲伤、忧郁、愤怒等。而这些情绪之中，既有正面情绪，也有负面情绪。

就一般情况而言，那些振奋人心的事，往往会使人产生正面情绪；而那些令人痛苦的事，往往会使人产生负面情绪。尤其是现在的年轻人，由于生活压力大，诸多不如意的事会使他们的心情变得低落、阴暗，从而产生负面情绪。

负面情绪是损坏人们健康的一大主因，而持久的负面情绪会使人们的神经过度紧张，从而产生一系列身心疾病。

可见，长期处于负面情绪状态之中，对身体健康会造成很大的伤害。

科学家曾做过这样一个实验：把一胎所生的两只健康、活泼的羊羔与羊妈妈分开，并将它们分别安置于不同的生活环境中。一只羊羔被隔离开羊群，单独放在一个房间里，并在它的旁边拴了一只大灰狼；另一只羊羔则跟羊群放养在一起。

一段时间后，那只整日跟羊群生活在一起的小羊长得又肥又壮，它整天和其他小羊一起嬉闹玩耍，看样子活得很开心。而那只与大灰狼生活在一起的小羊却长得又瘦又小，一副病恹恹的样子，并且不久便死去了。

原来，羊天生是怕狼的，当小羊天天面对可怕的大灰狼时，对方的威胁使它时刻处于极度的恐慌之中——这种强烈的负面情绪使它吃不好，睡不安，最后便抑郁而死了。

可以说，大量的负面情绪会刺激到我们，如果一时冲动，就会做出极端行为——长期下去的话，甚至可能导致自己形成严重的心理障碍。可见，不良的应激情绪对身心的杀伤力极大。

现代心理学研究表明，有些疾病的发生并不是因为身体的病变，而是与人的精神状态不佳、情绪异常有关。

辛德勒博士经过长期的研究与统计发现，人类 50% 以上的疾病皆由坏情绪所诱发，并将这类病叫作"情绪诱发病"。

这是因为，在应激状态下，人体由于受到强烈的刺激，出于本能，大脑就会发出"全身总动员令"——心率、呼吸、血压、血糖等全面提高，调动所有的能量来应对。这时，人体就会引发许多负面反应，

失去身心平衡，继而产生相应的不良情绪，从而对身心造成十分有害的影响。

情绪可以影响人的行为，人的行为又会反过来影响情绪。如果一个人长期情绪忧郁，就很容易引起心理变态；而一个人情绪积极的话，往往也会行为端正，身体健康。所以，通过情绪也可推断人的日常行为表现。

因此，我们应该让自己保持愉悦的心情，而对负面情绪要及时进行宣泄与调适。对此，我们要提高自我觉察情绪的能力，从而培养良好的情绪，减少负面情绪的产生。这需要做到以下几个方面：

一、学会观察自己的情绪

只有了解自己的情绪，才可以管理自己的情绪。所以，我们要先学会观察自己的情绪，并做充分的了解。

不要以为这是一件浪费时间的事——如果你不了解自己的情绪，又怎么能管理好自己的情绪呢？

二、诚实面对自己的情绪

每个人都有情绪，也许你的情绪不如别人的正常或积极，但也要学会诚实地去面对——只有接受事实，才能更好地解决问题。因为，我们只有了解了自己内心的真情实感，才能学会控制自己的情绪。

三、给自己和别人应有的情绪空间

俗话说"冲动是魔鬼"。为了避免自己因一时冲动而做出不适当的决定或莽撞的行为，我们在处理事情时态度一定要慎重——要容许自己和旁人有停下来观察自己情绪的时间和空间，这样才不会使情绪边缘化。

四、问自己几个情绪方面的问题

当坏情绪发作后难以控制时，你可以静下心来问自己几个关于情绪的问题。比如：我现在处于什么情绪状态中？这些情绪是正面的还是负面的？引发这些情绪的原因是什么？如果它们是负面情绪，会导致什么不良后果？我该如何控制它们？

五、找一个安静定心的法门

其实，一个人脾气再暴躁，发怒之后也有平息下来的时候，只是时间的长短与方式有所区别而已。

情绪爆发时，我们不要以为自己再也不可能镇静下来了，这时，你务必替自己找一个安静定心的法门，找到一种最适合自己的安心方式——这样才能稳定情绪，让自己平静下来。

那么，为了自己生活得快乐，我们该如何平息自己的负面情绪，培养自己的积极情绪呢？希望以下几个方法能对你有所帮助：

一、兴趣转移法

当你的心情沉到了谷底，消极情绪爆棚的时候，你不妨试试兴趣转移法，重拾一些往昔的趣事。

比如，听一听你曾经最喜欢的乐曲，回想你做过的最高兴的事，找一找那些最令你快乐的照片等。当这些快乐的往事掩盖或驱散了你心头的乌云时，你就会打起精神来。

二、向亲友诉说

亲人与朋友是我们的精神支柱，你可以把心事跟他们说一说。当你的郁闷、难过等负面情绪得到合理的宣泄或释放时，一切也就随之烟消云散了。

因此，你一定要学会敞开心扉。要知道，你并不是孤立无援的一个人，你可以大胆地向亲友们诉说自己的心事。

三、健康的食物

有些食物也能使人产生愉快的情绪，比如香蕉、葡萄、薯片等，经常食用这些食物有助于抑制不良情绪的产生。但具体吃什么、怎么吃，可以根据自己的喜好来决定——只要自己喜欢就行。

同时，营养、有节制的饮食方式也可以让你集中注意力，从而帮自己抑制负面情绪的产生。

2.七种"暗器"：情绪是如何伤身的

"醉了吧，反正清醒更断肠……给你的心不要你还，痛不要你偿，陪你走过一段——七情六欲全都品尝……"这首歌叫《七情六欲》，可以说，它展现出一个人内心情绪的激烈变化，把年轻人失恋后痛不欲生的状态唱得淋漓尽致。

"才下眉头，却上心头。"李清照的这句词生动地表达了一个人在考虑某一问题或是思念某一人时，那种眉头紧蹙、心绪阵阵翻腾的精神状态。

还有一句话是这样说的："一个人只有一个心脏，却有两个心房：一个住着快乐，一个住着悲伤。"它告诉我们，一个人的内心不但会产生快乐的情绪，也会产生悲伤的情绪。

是的，情绪是人人皆有的本性，因为人是感情动物——谁都有欢乐与痛苦的时候，就像生活中有平静也有波澜一样。不过，丰富的情绪又是生活的基本色调，它让我们的人生变得多姿多彩、妙趣横生。

俗话说："花有五颜六色，人有七情六欲。"我们每个人都是有感情的，而我们的感情也都是与生俱来的——我们的一颦一笑、一言一行无不与自己的七情六欲相关。

那么，何谓"七情"呢？中医学将喜、怒、忧、思、悲、恐、惊七种与生俱来的情志称为"七情"，也就是我们在日常生活中最常产生的七种正常的情绪活动现象。

七情是人体对外界客观事物的不同反应，也就是在我们的心理活动与思想引导下出现的情绪反应。比如，当遇到了一件高兴的事，我们就会感到快乐；当遇到了一件糟糕的事，我们就会生气、忧伤，甚至愤怒。

不过，虽然七情是正常的情绪表现，但如果这些情绪表现超过了

正常的生理活动范围，就会引起身体的不适，从而导致疾病的发生。这就是中医学上说的"内伤七情"。

古时山西有个陈姓都堂，他从小性格刚烈，脾气暴躁。做官后，他更是喜欢训斥人。每当审案时，如果他吆喝一声后，用来责罚犯人的板子还没送来，他就会急冲冲地走下公堂，对犯人拳脚相加——等到自己怒气消了，他才会停下来。

就这样，他经常由于一时愤怒而将犯人打得头破血流。

一天，审完囚犯退堂后，陈都堂心中的怒火还没有熄灭，持续了整整一夜。不承想，第二天他就面色发红，腹部又痛又胀，连饭都吃不下。家人看他生病了，就赶快给他请了医生。

医生给他诊断后，说："你的病是由于急火攻心而致，是你的暴脾气伤害了你的心脏和肝脏。所以，你这病单靠吃药是没用的，以后你对人对事务必要心平气和，那样才能消除疾病，活得健康快乐。"

哪知，听了医生的话，陈都堂更加生气了，觉得医生简直是胡说八道——他不但当面斥责了对方，还命人把他赶走了。可令他没想到的是，从此，他的病情一天比一天严重，终于卧病在床，再也不能在大堂上耍威风了。

这时，他突然后悔起来，才觉得自己不该不听医生的劝告，于是决心痛改前非。他学着平心静气下来，也对他人温和、宽厚了一些——就这样，他逐渐改掉了暴脾气，而他的病情也慢慢好转了。

从故事中我们得知，如果一个人整天情绪过激，就会导致行为失常，影响身心平衡乃至引发疾病。那么，这是为什么呢？

原来，七情与人体内脏腑的功能活动有着密切的关系。中医认为，七情为五脏所主，并与五脏的生理、病理变化相关联——一嗔一怒都会影响到脏腑的功能。

人一旦情绪过于激动，在突然、强烈或长期性的刺激下，就会使脏腑气血功能紊乱，从而导致阴阳失调、气血不周，继而引发各种疾病。比如，喜为心志，怒为肝志，思为脾志，悲为肺志，恐为肾志。因此，七情波动能影响人的气血平衡和运行。

下面，让我们来详细了解一下不同的过激情绪会给身体带来哪些伤害：

一、兴奋不已的情绪会伤害心脏

喜是一种兴奋的情绪，一个人心情喜悦时，就会神采飞扬。不过，喜极会伤心。因为，过喜的情绪会损伤心脏的功能，导致心慌、失眠、健忘、胸闷、头痛等症状，严重的还可能引发一些精神、心血管方面的疾病。

《范进中举》的故事便是最典型的例子：年事已高的范进听说自己中举后，高兴得控制不住自己的情绪，从而忘乎所以，产生了疯癫的精神状态。

有些人遇到大喜的事时会突然中风或死亡，这就是心理学上所讲的"喜中"。所以，遇到再高兴的事也不可以过于兴奋，一定要控制好自己的情绪，这样才能快乐地享受喜悦之情。

二、怒气冲冲的情绪会损害肝脏

心理学研究认为，作为"七情"之一的怒，是一种最难控制，也最易伤害身体的情绪。因为，一个人大怒时不但会失去理智，还极易伤害肝脏。

当愤怒的情绪无法控制时，就很容易导致肝气郁积、肝血瘀阻等情况，使身体出现气逆、面赤、头痛、眩晕，甚至昏厥、猝死等情况。比如，"怒气冲冲"这个词就表达了人的愤怒达到了很严重的程度。

所以，我们一定要学会控制自己的愤怒，保持愉悦开阔、积极乐观的心情，这样才不会给肝脏带来不良的影响。

三、悲悲切切的情绪会影响肺部健康

医学认为，肺是声音与呼吸的"总司令"——当一个人忧愁、悲伤、痛哭流涕时，就会影响肺功能的正常运转，从而导致出现声音嘶哑、呼吸急促等状况。所以，人在悲愁的时候，肺气便会抑郁成结，从而出现感冒、咳嗽等不适症状。

古话说"过犹不及"。所以，不管遭遇任何事都不可过于悲愁。我们应多培养开心、快乐的情绪，这样才能呼吸均匀，说话时声音清脆，整个人精神奕奕。

四、思虑的情绪会伤脾伤神

由于人的思虑情绪主要通过脾脏来表达，而脾脏又与脾胃相通，所以，当一个人思虑过度时，就会表现为脾气虚弱，气血不足，身体乏力，从而导致饮食无味或呕吐，严重的还会出现头昏、贫血、腹胀、腹泻等症状。

思虑伤脾伤神，我们平时切不可思虑过度——只有脾胃健康，我们每天才会有精神，才不会感到气喘、疲劳。

五、惊恐不安的情绪会伤肾气

医学认为，肾气的盛衰直接关系到人体的生长发育及生殖能力。所以，人在心情平静、神态悠闲的时候，往往显得心灵聪慧，精力旺盛。

但是，由于"恐伤肾"，我们的肾脏最怕受到惊吓——一旦肾脏受到过度的惊吓，就会耗伤体内的肾气，从而导致昏厥等情况的发生。

所以，我们平时要培养从容自若的心态，不要动不动就一惊一乍，惊慌失措或寝食难安，凡事都镇静地来应对，我们才能做到得之不喜，失之不忧。

以上所讲的是过激情绪对身体的伤害，也就是说，过于偏激的情绪是伤害身体的"暗器"。所以，平时我们一定要管理好自己的情绪，使自己的情绪达到平衡——因为心态平和才能快乐，才能拥有美好的生活。

3. 正面情绪：你的心理健康你做主

我们都知道，健康很重要，可怎么做才能保持真正的健康呢？

大多数人认为，不生病就是健康。其实，这说的是身体健康——即使一个人不生病，但他整天闷闷不乐，意志消沉，这种状态也不健康，即心理不健康。

所以，真正的健康除了身体健康外，还包括心理健康与情绪平稳，以及社会关系的和谐。

著名心理咨询专家辛德勒博士提出了"情绪健康"的理念，他认为：不良的情绪会影响人体免疫系统，从而诱发疾病；而良好的情绪则可以使人心情愉快、精力充沛，从而增加对疾病的免疫力。

这个观点与一句俗话是一样的："笑一笑，十年少；愁一愁，白了头。"所以说，情绪是一把双刃剑，只有培养良好的情绪，才能拥有快乐的生活。

据说，在一个偏僻的岛屿里，有一个思想还未完全开化的民族村落，那里的人思维能力很差，做事都凭一时的感觉。一天，村里发生了一起凶杀案，这对村民来说无疑是惊天大事。

到底是谁杀了人呢？村里的人都相信巫师，为了查清罪犯是谁，大家一致决定请一名法术高深的巫师来查看。

巫师来到村子后，心里有些嘀咕："如果我查不出真正的罪犯，那以后谁还会相信我的法术？"于是，他先装出一副神秘莫测的样子，之后，慢慢地拿出一瓶"法液"，让他认为是嫌疑分子的人一一都喝了。

接着，他对这些喝了"法液"的人说："这瓶法液里有神的力量，犯罪的人喝了后必死无疑，而没有犯罪的人则会在神的庇护下安然无恙。"

结果，喝了这种"法液"的罪犯一度陷入了绝望之中——由于他心存恐惧，情绪极度低落。他觉得"法液"使他的全身都疼痛难忍，身体受到了很大的伤害，于是没过多久便死去了。

而那些清白的人，因为自己根本就没犯罪，所以心中坚信神一定会辨明善恶，"法液"不会伤害自己，于是他们当时大胆地喝了，结果自然是安然无恙。

其实，巫师的这瓶"法液"是一些树汁和果液调配的，所以，一般人喝了都没事。因此，那个罪犯死于自己的心理暗示。

上述案例告诉我们：积极乐观的情绪可以增强人的抵抗力，而消极悲观的情绪则会伤害身体。可见，最严重的消极情绪可以导致人死亡，我们一定要坚决避免。

据有关研究表明，情绪会通过影响人的行为方式、心理适应、社会适应等决定身体健康的重要因素，从而影响健康。

一个人的消极情绪，如愤怒、憎恨、焦虑、不安、恐惧、苦闷、沮丧、忧伤、悲愁、痛苦等，都是心理上不良应激的紧张状态，这种状态会引起大脑高级神经活动的机能失调，从而刺激人体的各个器官以及内分泌腺，引发精神障碍或其他心理问题。

所以，我们一定要远离让自己消极的一切情绪，而要多培养良好的情绪。

辛德勒博士说，一个人要想保持身心平衡，就要学会快乐；要想学会快乐，就要记住十句话。这十句话是：

一、保持生活简单

生活简单，就是说要学会享受生活。因为，人心本来就很复杂，只有简单地生活才能保持一颗年轻的心，避开尘世的纷争，去追求内心的平和，获得心灵的快乐和宁静。

二、说话令人愉快

如果你说的话能让人心情愉快，那么对方就会喜欢你；反之，对方可能会找你的麻烦。如果你的情操美好、微笑真诚，那么就能招人喜欢，使人易于接受你。所以，你善良的心地和温暖的诚意是使他人愉快的源泉，也是你快乐的根本。

三、不要杞人忧天

俗话说："世上本无事，庸人自扰之。"是的，再多的烦恼也不会帮你减少明天的负担，却会使你失去今天的快乐。

所以，你大可不必担心天塌下来，从而吃不好饭，睡不好觉。就算天塌下来还有大个子顶着呢——别让无谓的烦恼影响了自己的快乐。

四、热爱工作

一个人热爱生活，才会热爱自己的工作，也才能成为岗位上的优秀人士。只有专心于工作，才能表现自己的才能，才能赢得自己的人生。

一言以蔽之，热爱工作，快乐生活。

五、遇事能果断地做出决定

一个人在必要时必须得有当机立断的能力，因为一味地优柔寡断，只能让你在犹豫之中丧失大好机会。所以，遇事能干脆地做出正确的决定并贯彻执行，因为那样才能激发自己积极向上的动力，才是成功者必备的品质。

六、学会珍惜今天

"如果你错过了太阳，请不要再错过星星。"一个人学会珍惜今天的一切，才不会在明天留下遗憾。人生天地间，如白驹过隙，再美好的事物也是昙花一现——当我们无法挽留昨天的时候，请珍惜和过好今天，快乐才能相伴相随。

七、懂得知足常乐

如果想快乐，就要学会知足。幸福其实很简单——当你学会记得别人的好，有一颗知足的心，你就会成为一个快乐的人。

八、按计划行事

按计划行事，就不会出太大的差错，也不会发生太多的意外。所以，做事前要针对所有可能发生的情况做好应对计划，之后，按照计划好的一一去实施，这样就会顺利许多。

九、学会喜欢他人

你喜欢他人，他人也就会喜欢你。所以，当你学会喜欢他人的时候，你才能受到他人的欢迎。这样，你就能拥有美好的心情，就会产生快乐的情绪。

十、远离生活的烦恼

远离生活的烦恼，我们才能守住心灵的宁静。

远离嫉妒之心、功利之心、贪婪之心，我们的生活才能像一首田园之歌，淡雅而隽永，静美而长久。

4. 愤怒：一把伤人又害己的情绪"双刃剑"

一位哲学家说："绝不要说出刻薄的话，因为它们将会弹回到你身上。愤怒之下说出的话会伤人，而那些伤害将会反弹。"

是的，愤怒之下我们一定会说出一些尖酸刻薄或狠毒的话，从而给他人带来伤害。但是，这些话在伤害别人的同时，也会反弹回来伤害我们自己。所以，愤怒是一种非常消极的情绪，也是危害身心的"头号敌人"。

古时候，印度曾发生过一件激怒群蛇的事。有一名喜欢射击的衙役，在自家后院里练习射击时，发现旁边的树林里有一条蛇。当时他正练得起兴，想也没想就随手打死了蛇。

对此，他并没有在意，仍然意犹未尽地练习着射击。殊不知，危险已经悄然来临——突然之间，他的四面八方涌出来许多同类的蛇，蛇群目标明确地向他飞快地爬了过来。

转瞬之间，他就被一条蛇咬了一口，他赶紧逃到房子里。没想到，蛇群又向他的居室发起进攻，并很快破门而入。

这时，他的妻子看见潮水般涌入屋内的蛇群，惊恐万分，直吓得瘫软在地，接着便被蛇咬死了。

惊恐之余，这个衙役赶紧从后窗逃了出去。在邻居们的救护之下，他才幸免于死。

从这个故事中我们可以看出，愤怒的情绪可以激发人或动物以最大的力量去打击或报复对方。由于愤怒极容易导致攻击行为与不良情绪，所以常常会给身心健康和人际关系带来极大的负面影响。

"怒不可遏""怒发冲冠""怒火中烧"等成语，都是用来形容

愤怒情绪的。当一个人遭遇了侮辱、被陷害、权利被剥夺等不公平的情况时，常常会勃然大怒，从而大动肝火，或做出一些不理智的行为。可见，愤怒是最具破坏力的一种情绪。

《三国演义》中，"诸葛亮三气周瑜"的典故家喻户晓：在诸葛亮的神机妙算之下，周瑜的计谋接二连三地遭遇失败，最终导致他率领的军队被围困，气得他旧疾复发，不治身亡。可见，一个"怒"字何其恐怖！

据《魏书》记载："李冲一旦暴恚，肝脏伤裂，旬有余日而卒。"可见，李冲是怒而发病，怒而致死——气死了，并且是死于"肝脏伤裂"，正好应验了古人说的"怒伤肝"。

愤怒的情绪会影响肝脏功能的正常循环——人在发怒时，血管会迅速扩张，表现为面色通红。但随着怒气的延长，血管又会不停地收缩，这就会导致肝脏供血不足，难以清洁血内的废物，从而使面色由红色转变为白、黄、紫色。

这时，如果再盛怒不息，很可能就会鼻孔出血，进而导致血管破裂而死。可见，怒气对肝脏的不良影响有多大！

而患有心脏病的人更不宜发怒，这是因为发怒时，冲动的情绪会使人体内的各种生理活动都发生不良的变化——特别是肝火过旺的人，对身心的伤害更大。

那么，愤怒的情绪对身心具体有哪些危害呢？这主要表现在以下几方面：

一、伤脑

当一个人气愤至极时，大脑的思维能力就会突破常规，导致他做出鲁莽或过激的举动。同时，这又会对大脑的中枢神经带来恶劣刺激，从而使人气血上冲，面红耳赤，严重的还会导致脑溢血。

二、伤神

一个人在生气时，心情往往无法平静，这时就会导致精神恍惚、无精打采、寝食难安。

三、伤心

一个人在气愤时，心跳通常会急速地加快，这时往往会出现心慌、胸闷等异常情况，使心血管不能正常运转，从而诱发心绞痛或心肌梗塞。

四、伤肝

怒伤肝，这是愤怒对人造成的一种最典型的伤害。当一个人处于极度气愤的心理状态时，就会导致肝气滞涩、肝胆不和、肝脏受伤，从而引发一系列疾病。

五、伤肺

人在生气的时候，往往会呼吸急促，肺活量加剧。在盛怒之下，还可导致气逆、肺胀、气喘、咳嗽等情况。

六、伤肾

经常生气或发怒的人，往往会出现闭尿或尿失禁的情况。这是因为发怒可使肾气不畅，从而影响肾脏健康。

七、伤胃

一个人生气多了，往往会寝食难安。如此愤懑下去，必然会导致肠胃消化功能紊乱。

八、伤内分泌

一个人如果长期生闷气，就会气血不畅，以致体内的甲状腺功能亢进，进而引发内分泌失调。

九、伤肤

经常生闷气的人，往往面容憔悴，并双眼浮肿，皱纹多生。所以说，愤怒不仅会极大地影响你的健康，还会让你变得丑陋。

综上来看，愤怒是最要不得的情绪，我们一定要避免。

当别人冒犯你时，不要立刻生气、发怒，而应该用你的智慧对付他，尽量将愤怒的烈焰转化为温和的细雨——让自己和身边的人都保持愉悦的情绪。

要想控制或缓解愤怒的情绪，以下几个方法可以帮到你：

一、及时处理愤怒的情绪

一旦发现自己想要发火，不要任由愤怒发作，而应及时地加以处理，想办法去消解它。你也不要简单地压抑它，用缓和的方式把它表达出来，让对方感受到就可以了，而不是指责或怒骂。

二、善于驾驭情绪

经常发怒，任意放纵消极情绪的滋长，将导致情绪失调，引起一系列疾病。所以，我们要善于驾驭自己的情绪，不可使它任意妄为。

其实，情绪是受人的意识和意志控制的，虽然它有时候像脱缰的野马，但也不是无法驾驭的。我们一定要主动去驾驭自己的情绪，使它沿正常的轨道去发展。

三、放弃不合理的信念

"哪怕有一丝一毫对不起我的对方，我也要让他说清楚。"

"他不听从我的意见是绝对不行的！"

这些理念，其实都是不合理的。要知道，只利于自己的想法，别人肯定不愿意接受，这样，当我们再据理力争时，肯定会引起双方的不愉快。

所以，我们平时要注意检查自己有哪些不合理的念想，从而有针对性地放弃它们，而不是经常闹情绪——这样才能与他人更好地相处。

四、把心中的不快吐出来

如果心理冲突引起了你的情绪变化，你就要想法把心中郁积的坏情绪早点倾吐出来——可以找细心的朋友谈心，或与家人聊天，这样心情就会平静一些。

切不可以将坏情绪长期压抑在心中，要不然，你往往会由于愤怒而发更大的脾气，影响到神经系统的功能，从而引起疾病。

五、用适度的方式表达情绪

有了情绪就一定要表达，但表达方式却有很多种。最佳的情绪表达方式，应该是以不伤害对方的情感和自尊心，又可以让自己的情绪得以释放为前提的。

所以，当我们要表达较强烈的愤怒之情时，不妨学着用得体的言语、适度的表情向对方透露自己的意思，这样才不会伤人伤己。

5. 快乐：情绪最大的秘密

德国哲学家康德说："快乐使我们的需求得到了满足。"是的，快乐是一种美好的心态，也是一种愉快的心境，更是一种充满正能量的积极情绪，它可以使我们感受到生活的美好与幸福，所以，没有人会不喜欢它。

快乐可以使人忘记痛苦，因为当你感到快乐时，心中也就没有烦恼了。一个人活在世上，不管有多少财富，不管有多大的权势，如果心中没有快乐，就不可能健康、幸福地度过一生。

所以说，快乐是幸福的源泉，是养生的法则。

我们要学会做一个快乐的人，让自己过得开开心心，潇洒自在，因为人活的就是心境，讲的就是心情——无论对什么事都不要太较真儿，要保持良好的情绪，这才是快乐生活的好方法。

穆罕默德和阿里巴巴是一对非常要好的朋友。有一次，两人因为一点小事发生了争执，阿里巴巴就打了穆罕默德一耳光。

当时，穆罕默德十分气愤，一个人跑到沙滩上默默生气，并在沙滩上写道："某年某月某日，阿里巴巴打了穆罕默德一巴掌。"

还有一次，穆罕默德与阿里巴巴一起去爬山，由于山坡陡峭，穆罕默德差点跌落山崖，这时阿里巴巴赶紧拉住了他，才使他免于一死。

对此，穆罕默德心中十分感激，于是他就在山坡的石头上刻下了一句话："某年某月某日，阿里巴巴救了穆罕默德一命。"

穆罕默德的这两次举动，令阿里巴巴十分不解，他问穆罕默德为什么要这样做。穆罕默德微笑着告诉他："我把我们两人的友谊刻在石头上，是希望它能和石头一样不朽；我把我们之间的不快写在沙滩上，是希望在海水涨潮的时候，它就可以消失得无影无踪！"

听了穆罕默德的话，阿里巴巴被深深地打动了。从此，他俩结下了深厚的友谊，成了一辈子的挚友。

有些人总觉得自己的生活充满悲伤，并且疑惑为什么别人总是过得那么快乐。其实，他们忘了，记住他人的好，忘记他人的坏，就能成为一个快乐的人——就像穆罕默德一样，他选择了快乐，所以才活得快乐。

那么，怎么选择快乐呢？就是要原谅他人的不好，记住他人的好，并且心中充满感激——快乐其实就这么简单！因此，有人说"没心没肺"才是最快乐的活法。

要想活得健康与快乐，就不要心机太重，过于计较，总是防范着他人会来算计自己，更不要总是思谋着如何去算计他人——什么都能拿得起，放得下，如此"没心没肺"才能保持心情轻松、生活愉快。

"一种美好的心情，比十服良药更能解除生理上的疲惫和痛楚。"是的，好心情可以让我们宠辱不惊，从而心情愉悦，身心健康。而人的情绪又是由心来主宰的，所以，你是要痛苦还是要快乐，也都是可以选择的。

其实，很多时候，痛苦和快乐是"双胞胎"。比如，在我们痛苦时，快乐就在我们身旁静候着，只是我们没发现它而已。

那么，如何才能发现快乐、忘记痛苦，让自己活得健康呢？希望以下几点方法可以帮到你：

一、不要心机太重

美国一项心理研究显示：太会算计的人的心率很不正常，一般都比别人快。这不但会使人的睡眠不好，还会导致体内功能紊乱，从而易患各种疾病。

这是因为，心机太重的人既要想着怎么去算计他人，又要防范他人来算计自己——这样一来，他就会心情焦虑，从而影响到身心健康。

所以，要想健康快乐地活着，就不能心机太重。

二、不要浮躁

总是心浮气躁、急功近利的人，一时得到了是你的幸运，但得不到却是你的命运。

因为，人一旦心浮气躁，办事就会失去耐心，也就容易由于冲动而做错事，从而导致发生悔恨之事——这就会造成心情不悦，继而发生一些不该发生的事。

其实，该来的迟早会来，该走的留也留不住——浮躁管什么用呢？还是顺其自然最好。

三、不要自寻烦恼

生活在这个纷繁的世界上，我们虽然改变不了世界的面貌，却可以做自己心情的主人。所以，我们没必要为生活中一些无谓的小事去自寻烦恼，整天心事重重，劳神伤身。

有句老话说："没有过夜的愁，不生过夜的气。"我们大可不必去为难自己，要知道，昨天的事用不着忧虑，今天的事也用不着犯愁，明天还是个未知数——更没必要去担忧。

四、不要过于贪心

陆游有诗云："人苦不知足，贪欲浩无穷。"当贪婪之心没有尽头的时候，一个人就会心术不正，从而被烦恼缠身。所以，贪心太重的人失去的往往会比得到的更多。但是，想要将贪欲控制在正常范围内，如同筑堤抵挡洪水一样，难上加难。

所以，平时要保持一颗平常心，因为无贪婪心，就无烦恼。

五、学会"没心没肺"

一个人遇事如果想得太复杂，就会增加许多纠结。抱定"小事糊涂"的待人处世态度，才是最快乐的活法。所以，"没心没肺"才能活得惬意，轻松，潇洒——心一快乐，人就快乐了。

六、不要总嫉妒他人

嫉妒是害人害己的毒药。当你在嫉妒别人样样比自己强的时候，你的心理天平就会倾斜——如果你被这种心理左右，就无法感知到自

己生活中的美好，就会忽略自己拥有的令别人羡慕的东西，从而失去幸福感。

所以，与其嫉妒他人，不如多发挥自己的优势，让自己活得更快乐一些。

6.情绪平衡方法：在好情绪与坏情绪之间

有人说："好的心情就是天堂，坏的情绪就是地狱。"可见，情绪对人的健康来说极其重要。

任何人都有情绪，快乐的、忧伤的、高兴的、痛苦的……当我们拥有令人快乐的积极情绪时，就会感到生活到处充满阳光，周围的一切都是那么美好；当我们产生令人压抑的消极情绪时，会觉得生活没有一点乐趣可言，周围的一切都会变得暗淡无光。

由此可见，积极情绪可使我们精力充沛，对生活充满热情与信心；而消极情绪却会让我们反应迟钝，体力不支，心情烦躁。

心理学认为，暴躁、抑郁、焦虑、大悲大喜等一些强烈的情绪，往往可以导致各种疾病的发生，有时候甚至会引发一些冲突事件。因此，培养良好的情绪对增强身心健康、防止意外的发生是很重要的。

有一位老婆婆，她的两个儿子都在做生意——大儿子卖雨伞，小儿子卖布鞋。

按理说，老婆婆应该生活得很快乐，因为两个儿子不但有事可做，而且都很孝顺。可是，令人想不到的是，老婆婆总在是烦恼中度日——每天都忧心忡忡的，没有一天过得快乐。

原来，每当阳光大好的晴天，她就担心大儿子的雨伞卖不出去，无法过上好生活，所以总盼望着老天爷能下雨，让人们都来买大儿子的雨伞；而一旦真的下起了雨，她又会犯愁——担心地上湿漉漉的，会让小儿子的布鞋生意惨淡。

就这样，不管是晴天还是雨天，老婆婆都在担忧——整天郁郁寡欢，没有开心的时候。结果，在长期的忧郁之下，她终于患疾在身，一病不起了。

大儿子与小儿子赶紧请来医生给母亲看病，但不管吃什么药，老婆婆的病情就是不见好转。怎么办呢？两个儿子都犯了愁。

一天，街上来了一位智者，他对老婆婆说："老人家，你有这样两个会做生意的儿子，真是好福气呀！他俩生意做得这么好，你想想就会很开心——每当晴天时，你小儿子的布鞋生意就会很好；而每当雨天时，你大儿子的雨伞又会卖得很好。这样，不管是晴天还是雨天，你的儿子都有钱可赚，真是想不发财都难哦！"

"哦，是啊，听你这么一说，我真是很开心呀。"老婆婆一听，

觉得很有道理，病也很快就好了。

可以说，我们的情绪时刻会随着自己意识的变化而变化，有快乐的，有悲伤的。

关于情绪，心理学专家认为，积极情绪可以提高人体的机能，起到增力、增智的作用，有益于健康，做事业也会充满活力；消极情绪会抑制人的活动能力，使人体的抵抗力与免疫力下降，影响身心健康，做任何事都打不起精神。

美国新泽西的医学科学家通过研究发现，焦虑等频繁出现的强烈情绪问题会严重影响人的身心健康，大大增加患肾结石的风险。可见，不良情绪对人体的危害有多大！

是的，当一个人的情绪消极到了极点，这时他就戴上了有色眼镜，看什么都是糟糕的。就像故事中的老婆婆一样，对她来说，生活中的一切都是最坏的——不管是晴天还是雨天，她都不快乐。如果这种情绪不能缓解，后果将不堪设想。

只有那些愉快的、稳定的情绪，才是保证身心健康的重要条件。所以，虽然情绪、情感的产生我们不能控制，但我们可以改善不良情绪，多培养好情绪——只有拥有了好情绪，才能拥有健康的自我。

下面是一些调节情绪的方法，可供你学习或借鉴：

一、学会冷处理问题

人在发怒的时候很容易失去理智，所以，这时不要急于处理问题，而要想法先使自己冷静下来，将问题从头到尾审视一遍，再做决定。

二、学会心平气和

情绪和人的脏腑是相互依存、紧密联系的，所以，我们一定要学会自我控制、自我调节，从而做到心平气和，这样才能不伤身体。

三、向知心人倾诉

"与君一席话，胜读十年书。"将心中的苦水向知心朋友倾诉，可以为你迅速开启心灵之窗，帮你清除累积在内心的烦恼、痛苦等。所以，不要压抑心情，而要学会与他人沟通——你将心中的不快都倾诉给他人之后，心情就会轻松许多。

四、经常给自己充电

心理学认为，情绪与环境、人的修养、人生观等都有关系。所以，要想提升自己做人的层次和境界，就要不断地学习、上进，不断地培养自己的宽容心、同理心，不断地扩大自己的胸怀与视野。

当你的人生境界提高了，琐碎的烦恼、痛苦等也就随之消失了。

五、培养良好的习惯

调整生活习惯，早睡早起，保持每天不少于六小时的睡眠时间，这一点很重要。不做那些无意义的事，如赌博、彻夜地玩游戏等，这也可以减少暴躁情绪的产生。

六、学会健康饮食

平时要膳食均衡，可以多吃些含有丰富维生素的蔬菜以及五谷杂粮；尽量不要吃那些损害身体健康的食品，不要过度饮酒，最好不吸烟；少吃或不吃油炸食品等。这些都可以帮助人们减少负面情绪，加强正能量。

七、适当锻炼身体

人的活力来自运动，而运动可以使人的体魄强健、精神焕发。所以，平时要多到小区娱乐场、公园去散步、锻炼，也可以到郊外爬爬山，还可以到健身房健身。

八、助人为乐

经常性地帮助他人，你就能得到心灵深处的快乐，这就是助人为乐的意义。并且，这还会抵消自己的负面情绪，从而使自己平静而愉快。

九、学会换位思考

多站在对方的角度看问题，你就会发现不一样的结果。当你学会了换位思考，你的问题可能就有正确答案了。

十、听听优美的音乐

优美悦耳的音乐，可以舒缓紧绷的神经，调节郁闷的心情。所以，当你心情低落的时候，可以多听听自己喜欢的乐曲。

十一、多喝凉白开

医学心理学认为，人们发火是由于身体的阴阳不平衡造成的，所以平时要多喝水，以水调火。爱发脾气的人不妨多喝凉白开，这算是一种有效的方法。

十二、保持好心情

坏情绪不是一下子就能调节好的，好情绪也不是一朝一夕就可以培养出来的。所以，要想长期维持好心情，就要学会如何控制以及培养自己的积极情绪。

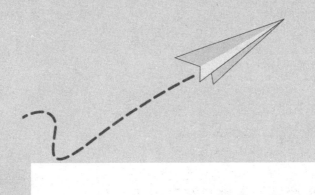

第 三 章

负面情绪：世上难得"忽然想通了"

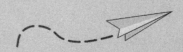

1. 不抱怨的世界：请别身在福中不知福

人性有一个共同的弱点，就是期盼拥有自己尚未得到的东西，而对自己已经拥有的东西不知道珍惜。

是的，有很多人都对自己的生活不满意，从而抱怨连连："我的事业真不顺。""我的婚姻真不幸福。""命运对我真的不公平。"于是，他们每天都牢骚满腹，时时感到不如意。

这种心态，这种情绪，就是"吃着碗里的，看着锅里的"这句话的真实写照，而他们正是属于"身在福中不知福"的那类人。

这些人也只有在失去自己现在所拥有的东西时，才能感觉到它们的珍贵与不可替代。因为，他们不知道抱怨是一种十分愚蠢的行为——当一个人把抱怨当成习惯时，就等于丢失了属于自己的整个世界。

有一个村子里住着一对老夫妇，他们的生活虽然艰苦，但二人却相敬如宾，从来不曾相互抱怨、争吵过。这令村里的年轻人都十分尊敬他们。

一天，这对老夫妇想把家中唯一值钱的一头牛拉到市场上去卖了，想换一些更有用的物品。于是，老婆子早早地起来做好了早饭，老头子吃完饭就匆匆地牵着牛去赶集了。

到了集市上，老头子先用牛在其他商贩那里换得了一头奶羊，他想：老伴以后就有新鲜的羊奶喝了。

过了一会儿，他看到了长毛兔子，觉得那洁白的长毛很不错。他想：如果有了长毛兔子，到了冬天，老伴就可以剪下一些兔毛做一件暖和的衣服过冬了。于是，他又用奶羊去换了一只长毛兔子。

后来，他在集市上转来转去，做了很多次交换：他用兔子换了鸡，又拿鸡换了鸡蛋，最后又用鸡蛋换了一大袋子南瓜。在每一次的交换中，老头子都想着要给老伴一个惊喜。

集市散了后，老头子扛着那一大袋子南瓜急匆匆地往家走。在路上，他碰到了两个外地商人——他们看到老头子很和善，就与他交谈起来。老头子就给他们讲了自己今天在集市上用一头牛换了一大袋子南瓜的经过。

"哈哈，老头子，你太傻了，回去准得挨老婆子一顿臭骂。"这两个外地商人听后就嘲笑了起来。

"她才不会骂我呢，而且她一定会夸奖我做得好！"老头子说。

两个外地人一点也不相信老头子的话，可老头子却坚持己见。于是，他们就用一个金币与老头子打赌，跟着他一起回家了。

老婆子一见老头子回来了，非常高兴，就急忙问老头子用那头牛换了些什么好东西。

"我先用咱们的牛换了一只奶羊……最后换成了这一大袋子南瓜！"老头子一一讲述了他赶集的全部经过。

听着老头子的话，老婆子十分满意。尤其是当听到老头子说用一种东西换了另一种东西的时候，她的脸上就充满了对老头子的钦佩之情。而且，针对老头子每讲述到的一次交换，她就会附和着说：

"哦，这下我们有羊奶喝了！"

"哦，兔毛做的衣服肯定会暖和的！"

"哦，太好了，这下我们有鸡蛋吃了！"

最后，当听到老头子背回来一袋子南瓜时，她仍然不愠不恼，而且同样用欢快的声音与老头子交流着："哦，这个主意也不错，今晚我们就可以喝到又香又甜的南瓜粥了！"

结果，老婆子的回答使两个外地商人目瞪口呆——他们万万没想到，老婆子不但没有责骂老头子，而且连一点抱怨的意思也没有。于是，他们心服口服地付给了老头子一个金币。

这个故事是"世界童话大王"安徒生的作品，它虽然是个童话，却很值得我们去拜读与体会。特别是那些整天觉得诸事不顺、命运不公的人，更应该静下心来品味一番。

其实，我们之所以感受不到幸福，就是因为我们心中的抱怨、不满太多了，总是身在福中不知福——不知道珍惜已经拥有的幸福，这才导致了我们心中的不幸与悲哀。

在这则童话故事里，安徒生告诉我们：不抱怨、不惋惜，放松心情、珍惜自己拥有的一切，才有可能有意外的收获。要想过上幸福美满的生活，就不要为失去一头牛而惋惜或埋怨——既然有一袋子南瓜，那就用来做南瓜粥好了。

同样，既然已经失去了某样东西，为什么还要为此而浪费你的泪水呢？这样既换不回已经失去的东西，又会伤身，岂不是太不值了！

人生在世，遇到不如意的事是难免的，因为生活不会完全按照我们的意愿向前发展——我们无法左右的东西太多了。要知道，不是每匹千里马都能遇到伯乐，不是每段恋爱都会有美好的结局，不是每个机会面前都能人人平等……

这是因为，生活有时也会装成骗子，不断地捉弄、考验我们，但它同时也在帮助我们成长——就看我们以什么样的心态去面对它了。

所以，我们在快乐的时候要学会惜福，要懂得珍惜自己所拥有的；在遇到挫折、坎坷的时候，也不要总是抱怨，总是不满，要知道"牢骚太盛易肠断"。

心理学认为，抱怨是一种狭隘、偏执的心性体现，而且抱怨得越多，内心也就越痛苦。偶尔发点牢骚，之后很快恢复常态，可能对身体健康没什么大碍；但如果经常发牢骚，抱怨工作辛苦、他人不友好、命运不公等，心中的怨气就会禁锢你对美好生活的向往——只要心中装满怨气，就会产生遗憾与悲伤。

如果这种消极情绪常常困扰你，久而久之就会破坏人体的心理平衡，从而引起机体生理功能降低或紊乱，甚至诱发多种生理、心理问题。这样，你不但没有拥有更多，反而连正常的生活也失去了，岂不

是更加悲哀吗?

我们只有学会珍惜,学会不抱怨,才能感到什么是幸福。希望以下两点方法能对你有所帮助:

一、学会珍惜

生活中有诸多的美好,比如亲人、爱人、朋友、同事等,他们都是我们人生的一部分——有了他们,我们的生活才会变得丰富多彩,我们才会过得幸福,开心。所以,学会珍惜,我们就能拥有一切美好的东西。

比如,珍惜阳光能让我们获得温暖与光明,珍惜爱情能让我们收获甜蜜和幸福,珍惜友谊能让我们收获帮助和真诚,珍惜磨难能让我们收获成长与成功。

学会珍惜,懂得珍惜,感恩上苍所给予我们的一切,我们才能看淡得失,善待自己——我们的人生才会少几分遗憾,多几分幸福。

二、抛弃抱怨

世界上没有十全十美的金石,也没有十分完美的人,任何人的生活都不可能是一成不变或完美无缺的,更不可能事事如意,时时顺心。所以,无论何时何地,我们都没必要去抱怨——因为抱怨解决不了任何问题,往往还会因此而失去重新再来的机会。

为了生活得快乐一些,我们要学会珍惜,学会包容。只有抛弃抱怨,我们才能获得生活的乐趣,创造美好的人生。

2. 不要预支明天的烦恼

哈里伯顿公司的创始人、冒险家埃尔勒·哈里伯顿说："怀着忧愁上床，就是背负着包袱睡觉。"是的，如果我们不能快乐地度过今天，就是在预支明天的烦恼。

其实，生活中很多人的心里都潜藏着一只叫"烦恼"的虫子，并且常常在不知不觉之中将它放出来——让它无声无息地吃掉自己当下的快乐。

殊不知，这是一种非常不明智的行为。

当我们习惯了这种生活方式，就等于在预支未来的忧愁和痛苦。当我们花费大量的时间为明天而烦恼时，却不知道这种行为毫无意义——即使明天有烦恼，今天你也是无法解决的。

事实上，这个世界上再也没有什么能比今天更真实，更值得我们去珍惜了。

有一个故事叫《留住今天的太阳》：一个孩子非常喜欢太阳，于

是他就想留住太阳。可是，他想了好多方法都没有成功——因为天一黑，太阳就落山了。

怎么才能把太阳留住呢？他把自己的想法告诉了奶奶，想让奶奶想办法帮他留住天上的太阳。

"傻孩子，这事很容易，你只要每天在太阳落山之前做完所有的作业与其他所有重要的事，就可以把太阳留住了。"奶奶笑着说。

"好，那我明天就试试！"孩子高兴极了。

到了第二天，在太阳落山之前，他做完了所有的作业和其他重要的事。但是，他发现太阳还是慢慢地下山了！他不禁有些疑问：这是怎么回事？奶奶在骗我吗？

正在他迷惑不解、感到失望的时候，奶奶走了过来，微笑着对他说："孩子，你看你在做这些事的时候，太阳不是一直在陪伴着你吗？这样一来，你不是就留住今天的太阳了吗？"

后来，随着一天天长大，这个孩子也渐渐明白了怎么留住太阳的道理。

这个故事虽然充满了童趣，却告诉我们一个过好今天、珍惜时间的道理。

是的，尽管明天的太阳还会升起，但它永远都不会是今天的太阳，所以我们应该珍惜今天，而不是担心明天会怎么样。就像故事中的那个孩子一样，尽管他不可能留住今天的太阳，却可以在有太阳陪伴的时候多做一些事，把太阳多留住一会儿。

因此，我们一定要好好珍惜每一天，不浪费每一分钟。我们更不要浪费时间去做那些无聊的事，把以前的不快与烦恼带到今天来，而应该在可触摸的现实里让自己扎实地生存。

其实，生活中有很多人都会不自觉地走进一个误区——总是担心明天会发生不好的事。

事实上，人生中的绝大多数烦恼都是不必要的，它们只存在于自己的想象中，即使注定不幸要在明天来临，那我们也没必要在今天就为它付出代价——过分在意明天是否能活得轻松，只会失去今天的快乐。

与其忧虑那些不切实际的问题，给自己增加烦恼和痛苦，还不如回到现实，认真对待每一天。

每一天都有每一天的人生功课要做，先努力做好今天的功课再说吧。切不要透支明天的烦恼，过早地承受太多的负担，让一些没必要担心的事扰乱美好的心情——那岂不是太傻、太糊涂了？

我们应该换一种心态，去预支明天的快乐与美好，这才是聪明的活法。

有一个商人为了炒股跟邻居借了很多钱，他原以为自己会时来运转，却没想到股市大跌，所有的资金都被套住了。这令他感到非常不安，天天为还不了邻居的钱而唉声叹气地发愁，晚上更是辗转反侧睡不好觉。

看到丈夫这个样子，妻子很是心疼。她劝丈夫想开一点，可丈夫

哭丧着脸说："哎，邻居每天见到我都要问'你欠我的钱什么时候还啊'，虽然我也很想把钱还给他，可我现在是有心无力啊……"

又过了几天，妻子终于忍受不了丈夫愁眉苦脸的模样，跑到邻居家门口高声喊道："我告诉你，我丈夫明天还是还不了你的钱，因为他现在没钱。你听清楚了，不要总是想着让他现在就还钱！"

喊完之后，她跑回家里对丈夫说："你好好睡吧，这回睡不着觉的该是他了。"

我们应该让今天的每一时刻都是快乐的，当我们学会了预支快乐，生活将会变成更美好的样子，这就是生活的禅机。就像故事中妻子的做法一样，与其为明天未知的事而烦恼，不如抛开一切畅快地大睡一觉。

聪明的人不会预支明天的烦恼，想的是如何解决今日的麻烦。

忧虑是一种"流行病"，有句话说："没有人活在现在，大家活着都在为其他时间做准备。"是的，为了明天的快乐，有些人常常要在今天就做好准备，这叫未雨绸缪。

不过，放长眼光、早做打算虽然不错，但切不可沉溺于忧虑的泥潭中不能自拔，因为曾经那些无法改变的事实，都是因为我们当初错过了"今天"的结果。我们应尽快调整心态和情绪，采取积极的行动，活在当下。

走脚下的路，唱真挚的歌。

不管怎样，我们都不应回避今天的真实生活，不应惧怕明天的到来——哪怕它充满琐碎、郁闷与艰辛，我们也应张开双臂去拥抱今天，勇敢地迎接明天将到来的每一个不同寻常的挑战。

当我们心存美好，一切都不再是问题。

3. 负面情绪：世上难得"忽然想通了"

"忽然想通了"这五个字说来简单，但要做到可真不容易。无论什么事，你只要能"忽然想通了"就不会有烦恼——可要达到这种境界，之前你一定会经历难以想象的挫折。

是的，一个人能做到"忽然想通了"是很难的，因为生活中几乎没有人会说："我很快乐，一点烦恼都没有。"可以说，每个人都有烦恼，区别只在于是大烦恼还是小不顺而已。

不过，我们的大部分烦恼都是自找的，自己想通了，看开了，烦恼也就没了。

在一个小县城的诊所里，有一位年逾古稀的老中医专治疑难杂症，于是，每天都有很多来自全国各地的患者找他看病。

一天，一位穿戴华丽的女士来到诊所，她说自己是慕名而来，希望老中医能治好她的病。她说："这段时间以来我心情郁闷，饭吃不好，觉也睡不好，总觉得浑身无力、头昏脑涨，没有一点精神……"

老中医详细询问了女士的情况之后，便为她把脉，观舌，听诊，然后说："我看你并无大碍，只是心事太重，体有虚火而已。我想问问你，为什么说自己心情郁闷呢？生活中发生什么不愉快的事了吗？"

"哎呀，我的生活中不愉快的事发生得太多了，简直没有一点乐趣可言，我慢慢告诉你吧。我丈夫的公司越来越不景气，现在两个月的营业额加起来还没之前一个月的高。他还像往常一样去炒股，结果又没赚到钱。

"公公婆婆的健康状况越来越不好，他们的女儿也不能常来看望，什么事都要我去照顾。我家孩子的学习成绩也不如从前，他竟然从全班前三名退步到前十名左右。就是这样……"

老中医听女士说完之后，说道："哦，听你这么一说，好像你家里没有一件能让你开心的事呢。不过，我问你：你丈夫关心你吗？他对你的感情如何？"

"他对我还算不错，平时也挺关心我的。"女士微笑着说。

"哦，那你的孩子怎么样，他很调皮捣蛋吗？"老中医又问。

"没有。其实，我家孩子挺懂事的，就是读了高中以后学习压力有点大。"女士回答。

"那你呢？在哪里上班？平时都做些什么？"老中医接着问。

"我没有上班，整天待在家里。自从丈夫开了公司之后，他就让我天天在家打理一切，我只好从单位辞职——因为我挣不挣那点工资都无所谓了。你不知道，我家的房子那么大，家具那么贵重，没有人清洁、护理是不行的，所以我只好天天在家收拾屋子。"女士说。

"哦，我明白了，现在就给你开药方。"老中医一边说一边写，不一会儿就写好了。

"你的药方已经开好了，但一粒药都没有。因为，你的病情不需要吃药，你只要将这个药方看明白了，想通了，你的病自然就好了。"老中医说。

"哦……"女士迟疑地接过药方。她看到药方上一边写着她的苦恼，一边写着令她快乐的事，最后还写着这样一句话：

"把一些不快的小事看得太重，心头就会无故产生烦恼；跟一些琐碎的事较真儿，就会忽视身边的快乐。什么时候将生活看开了，将那些不必要的小事丢下了，烦恼就没有了。什么时候快乐回来了，病也就消除了，健康也就回来了！"

"哦！"女士看后，若有所悟。

其实，我们并没有那么多的烦恼，很多负面情绪都是我们强加给自己的。就像故事中的女士一样，她终日无所事事，为一些琐事而烦恼，看不见生活中的快乐，真可谓身在福中不知福。

慢慢地，她的烦恼心就培养起来了，并且情况越来越严重，随之就产生了忧郁情绪，带来了身心疾病。如果说她在生活中受到了伤害，那也只是自己搬起石头砸了自己的脚。

生活不是故意处处与你作对，也不可能时时都给你送上鲜花——生活就是生活，我们已经生在其中，所以就要活得更好一点。

丹麦有这样一个故事：一个很贫穷的铁匠经常担心自己的生活，他每天都在想，如果有一天自己病倒了，不能工作了怎么办？如果有一天自己所用的工具都坏掉了怎么办？如果有一天自己没有了工作技能怎么办？如果自己挣的钱越来越少了怎么办？如果自己的房子有一天倒塌了怎么办？

这一连串的问题让他陷入了无休无止的苦恼之中，折磨得他终日寝食难安。不久他就病倒了，躺在床上一副等死的样子。

一位智者听说之后便过来看望铁匠，并在首饰店买了一条金项链送给他。这下，铁匠的心里感到很欣慰。他想：自己再也不用担心生活窘迫的问题了，实在过不下去的时候可以卖掉这条金项链，以确保基本的温饱。

于是，铁匠的心情越来越好，病很快就痊愈了。

从此，他就开始用心地生活——白天踏实工作，晚上安心睡觉，整个人神采奕奕的。慢慢地，他也积累了一些财富，那条金项链也被他保留了下来。

后来，有一天铁匠戴着金项链出门，遇到了首饰店的老板——当对方告诉他那条项链是铜的，只值几元钱时，他这才恍然大悟，明白了智者的良苦用心。

如果你整天想着烦恼的事，烦恼就会不期而至。相反，将烦恼丢到一边，不去理会，烦恼就会自动消失。所以，只有想通了，才能活得快乐。

其实，人生在世，所有的烦恼和不顺全都是小事，不管是什么样的痛苦，都没必要念念不忘。转个念头，自己想通了，微微一笑，就会发现这件事没什么大不了的。

每个人的心中或多或少都藏着一些痛心之事，不可能永远处在积极情绪状态之中。一个心理成熟的人不是没有消极情绪，而是懂得生活——他们知道人生苦短是常态，不能在烦恼与忧愁之中度日，而要把很多事都想通。

既然生活中有悲伤、痛苦等消极情绪，那么，我们只有放下，才能解脱。所以，我们要有悟性，要明白"生不带来，死不带去"的道理——想明白了这一点，你还有什么值得烦恼的呢？

花有开落，人有聚散，人生短暂如白驹过隙，你又何必一味地让自己情绪低落呢？所以，想通了，便不会再烦恼，不会再难过。只要舒舒服服地睡上一觉，那些烦心事就都不是事了，而第二天的阳光依然充满朝气，温馨，等着你去拥抱，享受！

4. 怎样排除情绪障碍

人的心理活动过程十分复杂，包括情感、意志、人格、认知、智能等诸多方面，如果其中的某一方面出现异常，情绪问题就会产生。

比如，有的中年人到了更年期，就会变得易怒，失眠，乏力，烦躁不安等；有的青少年每到重要考试前，就会出现心浮气乱、狂躁不安、失眠多梦等情况。

这些过于亢奋或低沉的、反常的、特殊的思想行为反应，最终将会导致情绪障碍。也就是说，当一个人坚持某些不合理的人生理念，并且长期处于不良的情绪状态下，在他使自己感到不快的同时，就会陷入情绪障碍之中。

某小区突然传来一个令人震惊的消息：一个叫娜娜的女孩子跳楼自杀了——在夜里两点所有人都熟睡的时候，她推开窗户跳楼，结束了自己的生命。由于事先她并没有什么反常的征兆，所以小区里的居民都感到非常吃惊。

警方调查后得知，娜娜今年刚刚参加了高考，就在高考成绩出来的第二天，就发生了这个悲剧。可见，她的轻生与高考成绩有很大的关系。

其实，从小学到中学，娜娜一直是班里的尖子生，也一直是在家人、朋友、老师、同学们的夸奖下长大的。她个性文静，话不多，但自尊心很强，她做什么事都希望自己是最好的。所以，她的学业、生活可谓一帆顺利。

可是，这次的高考成绩给了她莫大的精神刺激：原来，她的高考成绩与自己理想中的重点大学只有 5 分之差，这是她无论如何都不能接受的。于是，她先是将自己反锁在屋里一整天，到了晚上家人都熟睡之后，就选择了轻生这条路……

心理学家贝克认为，人的情绪障碍发端于不合理的认知或认知方式，比如：

"优秀的人应该是全能的，在各方面都应该比别人强。""别人应该很好地待我。""我所有的事都不顺利。""我应该被周围的每一个人喜爱或称赞。""某些人是邪恶的，卑鄙的，他们应受到谴责或处罚。"……

在这种偏执的认知下，他们选择了一些不良的情绪取向，从而用以偏概全的认知方式做出了一些过分的行为。

特别是一些青少年，由于心理成长的年龄特征所致，当某些事的发展背离他们的期望时，他们就会感到难以接受，从而深深地陷入情

绪困扰之中。这时，他们的心理会越加低沉，不是自暴自弃，就是"看破红尘"。

一般来说，情绪障碍多见于青少年人群，表现为违反社会道德规范、认知思维与日常生活行为出现异常，或侵犯他人权益等。比如，说谎、逃学、斗殴、酗酒、吸毒、轻生、过早性行为、离家出走、破坏公物等不良或偏执的行为。

这时，他们的情绪表现为失望、沮丧、消极、低落、心烦意乱、紧张不安等。他们喜欢闭门在家，不愿与人交往，不愿上学，不但学习能力下降，甚至会出现学习困难、注意力难集中的情况。

情绪障碍有好多种，但造成自杀行为的常常是被称为"躁狂"的一类。心理学研究表明，患有情绪障碍的人常常具有惊人的才能，有的人甚至是天才。而那些被情绪障碍所折磨的人，他们在饱尝生活带来的苦难之后，就会产生自杀行为。

像布莱克、拜伦、沃尔夫、舒曼等，年少时都曾经有过或轻或重的情绪困扰，但他们最终都排除了自己的情绪障碍，并以高涨的激情和非凡的视野激发了自己的才华与创造力，从而成了杰出人士。

可见，患有情绪障碍并不可怕，可怕的是你没有战胜它的勇气和方法。

那么，如何才能消除负面情绪的干扰，拥有强者的心态呢？希望以下几点方法能帮到你：

一、自我社会技能训练

我们需要掌握一些基本的社会技能，比如良好的沟通能力、与人合作共赢的方式、解决问题的能力、处理压力的能力以及化解冲突的能力等。当我们掌握了这些能力，就可以有效地控制自己的情绪，使自己不被情绪困扰。

二、学会合理宣泄

每个人在生活中或多或少地都会遇到挫折和失败，当心头的压力越积越多，就会危害我们的健康，而这时我们应该采取合理的方式宣泄自己的负面情绪。

比如，你需要别人的开导、安慰和劝解，你需要打开心门，向亲人、朋友甚至心理医生等倾诉心中的不快，从他们身上获得正面的情绪和力量。总之，你一定要学会放松心情，学会合理表达情绪的技巧。

三、学会积极暗示

心理学研究表明，一些积极的心理暗示可以使人增强信心，尽快忘掉烦恼。所以，烦恼时我们不妨做一些愉快的事，比如向同事微笑，向亲朋示好，告诉别人自己很愉快，以此来让自己充满自信。

四、不妨痛哭一场

有一首歌唱道："男人哭吧哭吧不是罪，再强的人也有权利去疲惫，微笑背后若只剩心碎，做人何必撑得那么狼狈……"是的，伤心难过时，我们的内心往往会有一种想哭的感觉。

这时，你不妨在一间房子里，或到没人的地方痛哭一场，把自己心头的烦恼和不快统统都哭出来。想哭就哭吧，千万不要压抑自己的

情绪，哭后你会释然，会感觉到从未有过的轻松。

五、学会情绪转移

要使自己忘掉忧愁，就要学会情绪转移。每当烦恼或心情不爽时，可以听音乐、看喜剧片、吹吹海风等。做自己喜欢的事，可以减轻烦恼，使不良情绪得到缓冲。

六、认知心理咨询

通过与专业心理咨询师面谈，在他的指导下，找到引发自己情绪障碍的原因，请他帮助你排解不良情绪。

5.走出"自我失败"的思维模式

有位哲人说："世界上没有跨越不了的事，只有无法逾越的心。"生活中有很多落魄的人，他们之所以没有成功并不是因为他们不够努力，而是他们无法跨过自己的"心河"——他们自认为是失败的人，负面情绪使他们不敢面对生活中的一切。

比如，他们心里常会这样想："我天生就不如别人。""我这人脑壳儿笨，生来就不是干大事的料。""我真是太没用了。""我做什么都不如别人做得好。""我命不好，注定一事无成。"……

这些负面情绪限制了他们的思想与能力，从而使他们形成一种"自我失败"的思维模式——这是指一个人给自己设置了一种消极的心理防卫行为模式，以此来预防自己受到伤害。

一个人一旦有了这种思维模式，当打算做事时就会情不自禁地想："如果失败了，大家一定会看不起我。"这种消极情绪会制约他的行动，使他产生拖延、回避的想法，甚至放弃的念头。

生活中有很多人就是因为长期处于"自我失败"的思维模式中，从而埋葬了自己的潜能和前程。

约拿是个十分虔诚的基督徒，总是渴望着能有机会得到神的差遣。一天，他的诚意终于打动了一位天神，天神决定给他一个重要的任务——到遥远的尼尼微城去传话。

虽然路途遥远和艰辛，但这份任务却是约拿心中一直向往的，因为这是一个非常伟大的使命，一旦成功，将会给自己带来无比崇高的荣誉。于是，他欣然接受，并且兴冲冲地立即去做了。

可是，当约拿一路长途跋涉之后，马上就要走到尼尼微城时，他却犹豫了，这时他的心中产生了"畏惧感"——他觉得自己肯定不能将这件事圆满地完成，因为平常一些极小的机会都没有光顾过他，现在这么一个伟大的使命怎么会降临在自己头上呢？

约拿越想越感觉这么好的事肯定不会成为现实，于是当美好的愿望就要实现时，他采取了回避的态度，所以导致了最后的失败。

这就是心理学上所说的"约拿情结"，它指的是一种在成功面前的畏惧心理，也是典型的"自我失败"思维模式。

生活中一些软弱、自卑的人，就常常被这种"约拿情结"所害——每当机会来临时，即使他们的心中再怎么渴望获得成功，也会有所顾虑，因为他们会自我设置一些无谓的思想障碍，并不由自主地被这些障碍吓倒，从而无奈地做了"约拿"。

由此可见，这种行为虽然可以防止自身能力不足带来的挫败感，却常常会剥夺自己成功的机会。

美国企业家奥格·曼狄诺在《世界上最伟大的推销员》一书中写道：

"我不是为了失败才来到这个世界上的，我的血管里也没有失败的血液在流动。我不是牧人鞭打的羔羊，我是猛狮，我不想与羊群为伍。我不想听失意者的哭泣、抱怨者的牢骚，这是羊群中的瘟疫，我不能被它传染。失败者的屠宰场不是我命运的归宿。"

这话说得很有道理：一个人只有强大起来才不会成为任人宰割的羔羊，一个人只有成为勇猛的狮子才不会被送进屠宰场。就像马云、马化腾等成功人士，他们之所以能克服"约拿情结"，是因为他们能大胆地打破人生的枷锁，去承担压力和失败。

有个性格自卑的年轻人，每天起床后都会对着镜子说："今天看来又不怎么样，肯定又是失败的一天。"而实际发生的一切也都像他所说的一样"不怎么样"，于是在这一天里，他总是遇到这样、那样的挫折。

虽然失败并非他的本意，他在内心里也希望自己能成功，但在这种"自我失败"的思维模式下，他真的做什么都会失败，最后彻彻底底地成了一个失败的人。

人生最大的失败莫过于失去自信，不敢正视自己。其实，失败与成功只是我们的心态问题，如果心中常常存有失败的念头，总是酝酿着负面情绪，人生就真的会失败。

那么，我们应该如何走出这种"自我失败"的思维模式呢？希望以下几点方法可以帮到你：

一、懂得不断地自我鼓励

想走出"自我失败"的思维模式，在做一件事时应该想着"如何去获得成功"，而不是"万一失败了怎么办"。只有这样，才能解除心理上所产生的不良情绪的困扰，才能摆脱自我虚构的失败情境的打击。

一个人只有多鼓励自己，才能振作精神，与困难做斗争。

二、培养充满自信的情绪

一个人如果总是轻视自己，怀疑自己的能力，就会给自己的心灵带来深深的伤害，并使自己陷入负面情绪之中。所以，不要羡慕别人，也不要小看自己，因为谁都有不如意的地方。

你要敢于相信自己，敢于挖掘自己的闪光处，从而学会培养积极情绪。这样，你就会拥抱光明，消除一切障碍。

三、培养"韧者不败"的心理

所谓"韧者不败",是说真正的强者都拥有韧性,不仅能坦然地接受失败,还可以永远坚定地走下去。所以,不要害怕失败——如果你足够坚强,当遭遇失败的时候,你也能坦然地走下去。

四、做最坏的打算

其实,做任何事都有失败的可能。所以,在做事前可以先做最坏的打算,这样失败就不会再令人那么恐惧了。之后,再按计划一步步地去做就行了。

由于事先就有了充分的心理准备,当真的遭遇失败时,你也不会因为过于失望而一再逃避,甚至自暴自弃。

6. 情商高就是懂得处理情绪

作为一个"七情六欲"都正常的健康人,有一天你突然发现自己的生活到处充满了莫名其妙的问题——

曾经要好的朋友,不再像以往那样经常与你联系了;曾经亲密无间的恋人,与你越来越无话可说了;曾经相互帮助的同事,不再喜欢跟你一起工作了；曾经毕业于同一所高校的同学，如今对方事业有成，你却前途渺茫……

这一切都是为什么呢？到底是哪里出了错？是你运气不够好，还是能力比别人差？其实，这一切与努力、能力、运气等都毫无关系，唯一相关的就是你的"情商不过关"。

所谓"情商"，心理学家认为，它是人在认识、控制和调节自身情感方面的能力。情商反映的是人的情感与情绪，与情商不同的是，智商反映的是人的智力。

以前，人们一直认为成功主要取决于一个人的智力因素，然而大量的事实证明，情商远比智商重要。心理学研究发现，成功 =20% 的智商 +80% 的情商——这个公式说明，对一个人能否成功起重大影响作用的是情商，而不是智商。

刘备狠心摔阿斗的故事，想必大家都知道：在一次与曹操的交战中，刘备被对方打得溃不成军，便让大将赵云保护甘夫人和刘阿斗去突围。但是，赵云被曹军团团围困，突围多次都未成功。

为保护幼主，赵云便将阿斗抱在怀里，之后一个人血战曹军，杀死曹将 50 多名，最终突出了包围圈。这就是历史上著名的"大战长坂坡"。

当赵云抱着阿斗再见到刘备时，他浑身是伤，流着血，累得半死。刘备见状，一把接过阿斗，生气地把阿斗摔在地上，声泪俱下地说："都是为了你这个浑小子，差点折损了我一员大将啊！呜哇哇……"

看着刘备痛哭的样子，赵云非常感动——他不顾全身的疼痛，赶紧从地上抱起阿斗，热泪盈眶地说："赵云以后就是肝脑涂地，也要誓死报答主公的恩情！"从此，赵云对刘备更加忠心不二。

古话说得好："得民心者得天下。"许多领袖人物之所以能够让天下的人才为己所用，就是因为他们都擅长使用拉拢人心之术——通过情感打动对方，将人才笼络在自己麾下。

就像故事中刘备的做法一样，他是为了表明赵云在他心里的位置比自己的儿子更重要，让赵云感到自己在他心中占有一定的分量，从而一下子就拢住了赵云为他效力的忠心。

刘备的举动虽然很可能只是演戏，但他那一连串"声泪俱下"的情感活动，恐怕比给赵云加官晋爵或物质奖励等更能打动他的心。从刘备的举动与情感反应上看，他是一个高情商的人。

俗话说："人非草木，孰能无情？"其实，生活中很多时候情感就是人的软肋——无论一个人的外表多么强硬，在内心深处一定有情感的需要，所以情感与情绪也是人最容易被攻破的地方。

我们再来说一下刘备。他这个人真是要能力没能力，要财富又没财富，说句不好听的，他简直就是一个一无所有的、只会卖"草鞋"的穷人。

但是，刘备后来能够"桃园三结义"，得到关羽、张飞这样义薄云天的好兄弟的鼎力相助，又得到赤胆忠心的大将赵云等"五虎上将"的誓死效忠，还通过"三顾茅庐"得到了天下奇人诸葛亮呕心沥血的辅佐，最终助他赢得"三分天下"，与其说他的成功是天命、传奇，不如说是过人的情商成就了他。

由此可见，在通往成功的道路上，情商比智商起着更重要的作用。

世界上有这样一类人，他们就是有处理情绪的天赋——是地道的情商高手，不管是他们自己的情绪，还是别人的情绪，他们都能处理得恰到好处。

就像《红楼梦》中的薛宝钗，在偌大的贾府里，上至贾母，下到丫鬟、仆人等，几百口人普遍对她有好感。她凭着自己过人的情商，轻松地就把大观园里第一才女林黛玉和第一才子贾宝玉的"木石前盟"拆散，而成就了自己的"金玉良缘"。

可见，情商高的女人都不简单。

薛宝钗不但善于揣测"上司"贾母的心理，还会投其所好，专挑贾母喜欢的东西相送。而且，她还善于帮助"同事"，不仅为湘云设螃蟹宴，还替凤姐管家等。所以，贾府里所有的人无不对她点头称赞。

其实，人心都是肉长的，再高大勇猛或有本事的人也希望从别人那里得到关怀、体贴和重视。所以，情感上的投资比任何物质利益都更能打动人心。因为，人是情感动物，再多的物质利益也代替不了情感上的独特需要。

所以说，世上没有无缘无故的恨，也没有无缘无故的爱。那些高情商的人，就是利用了人的情感心理而获得了成功。但是，情商特别高的人在生活中很有可能是个狠角色——他们往往有着化腐朽为神奇

的力量。

通常来说，情商高的人大都心态平和，他们能够不以物喜，不以己悲；他们大都会察言观色，总能事先了解他人的心思并做出得当的反应；他们总是理智和聪慧的，为人处世总能通情达理，左右逢源。

所以，一个人的成败，往往与其情商的高低和情绪反馈能力有着直接关系。这是因为，智商高的人很容易在学习和工作中表现出色，甚至可以在各方面都表现出色。

可见，情商是一个人不可缺少的生存能力和技巧——像独立、自信、坚强、豁达等阳光积极的字眼，都与情商有关。

情商是一种发掘情感潜能、运用情感智能的正能量，更是人生走向成功的因素之一。那么，你何不做个高情商的人，让自己拥有美好而非凡的生活呢？

第四章

性情中人：感情投资比什么都重要

1. 性情中人：感情投资比什么都重要

大多数人都是性情中人，所以很容易被感动。一位哲学家说："每一次小小的感动都会洗净我灵魂中某一个小小的斑点，每一次深深的感动都有可能斩断我性情中某一段深深的劣根。"

可见，感动是个积极、美好并充满正能量的词——感动他人，我们就能获得快乐；感动他人，我们就能拥有幸福。

歌手桑吉平措说："怎样感动他人？用温暖他人的心感动自己。"他有一首歌叫《泊岸》，很多朋友都在听他那清幽的歌声之时流下过感动的泪，更有人感慨地说："这得是一颗怎样纯净美丽的心灵，才能发出这般干净动听的声音！"

对于听众的称赞，桑吉平措说："歌手的生命就是歌声，歌声的生命就是动人！"

正是有了感动，我们的生活才增添了无限光彩，也才让我们有勇气、有信心去接受生活的挑战。

德国曾有一位犹太传教士来到乡下的一个村子里进行传教活动，每天早晨，他总是按时起床，然后到一条乡间土路上去散步。在散步途中，无论碰见任何人，他都会热情地打一声招呼："早安。"

但是，当地居民对犹太人和传教士的态度很不友好，所以，很多人对他的这声问候都无动于衷。可经过一段时间之后，居民见他如此有诚意，便逐渐地接受了他并相互问安。

不过，有一个叫米勒的年轻人每次见到传教士时，都持冷漠的态度——对方打招呼，他也视而不见。可是，面对米勒的冷傲姿态，传教士并没有改变自己的热情，仍然在每天早晨见面时向他道一声："早安，米勒先生。"

就这样，过了一段时间，一天早上，当传教士又向米勒问安时，他竟然也向传教士道了一声早安。

几年过去了，这时，德国纳粹党开始上台执政。一天，村子里所有的人都被纳粹党集中起来送往集中营接受审查，那位传教士也在其中。

到了集中营，大家被要求列队前行。

负责审查他们的是一个中级指挥官，只见他手里拿着一根指挥棒，不断地挥动着，每当有人走到他面前时，他就会喊一声"左"或"右"——这决定了一个人的生死，因为被指向右边的人还有活下去的机会，而被指向左边的人统统是死路一条。

不大一会儿工夫，就轮到传教士了，他吓得浑身颤抖，心惊胆战地走上前去。可是，当他小心地抬起头看到指挥官时，却习惯性地脱

口而出："早安，米勒先生。"

这时，这个叫米勒的指挥官眼神一怔，但这个微妙的表情变化很多人都没注意到。接着，他向右一挥指挥棒——就这样，一声习惯性的"早安"使传教士获得了一次生还的机会。

俗话说："人心都是肉长的。"一个人无论外表多么强悍、冷酷，在感情上也需要来自他人的关怀与问候，因为人毕竟是感情动物。很多时候，人即使在物质上得到了很大的利益，也代替不了情感上独特的需要。

所以，不要低估一句话、一个微笑的作用，那很可能使一个冷酷的人改变主意，对你出手相助；也有可能使一个曾经轻视你的人喜欢上你，甚至爱上你；还有可能使一些素不相识的人与你友好地合作，或是走进你的生活。

可见，我们每个人在内心深处都有着一定的情感需要。所以，感情投资往往比金钱等利益投资更能产生征服人心的效果。

有一个长相一般的男孩，在一次娱乐晚会上认识了一个漂亮的女孩，并对她一见钟情。原来，女孩不但人长得好看，而且才貌双全，男孩被她的一颦一笑深深地打动了。

可是，女孩对男孩好像没什么印象，当他主动去联系女孩时，对方却表现出一副很不热情的样子。怎么办呢？男孩心里非常着急，想尽一切办法去接近她，总想表现自己的真情。

一天，机会终于来了。原来，女孩的爷爷生病住院了，男孩听说后就决定献殷勤，抓住这个机会好好表现一下。于是，在一个好朋友的介绍与说情之下，他获得了跟女孩一起去病房探望长辈的机会。

男孩提前买好了昂贵的补品，陪女孩一起去看望她爷爷。不用说，当见到女孩的家人后，男孩表现得非常不错，给他们留下了好印象。而之后的一段时间里，男孩经常往医院跑，而且每次都会带上很多礼品，还忙前忙后地照顾老人。

这样一来，女孩的亲友都以为这是女孩的男友，也习惯了他的帮助。

后来的情况可想而知：女孩虽然对男孩的外表不太满意，但他的热情与殷勤却打动了她的心，再加上亲友的说合，女孩终于接受了他的感情，两个人成了恋人。

每个人都有丰富的情感，所以是很容易被感动的，有时候人们甚至把情感看得比任何物质都重要。因此，现在人们常说的感情投资，就是在感情上打动对方，从而捕获对方的心。

所以，如果想得到对方的心，或想让对方帮助自己，一定要想办法让对方感觉到，有你在他的情感心理就是满足的；跟你在一起的日子，他的心情就是愉悦的。

有时候，温暖的情感就是冬日里的一双手套，能让对方感觉你不可缺少。如果你持久地给予，那么一定会唤起对方内心深处的爱。"问世间情为何物？"情是一种无比贵重之物，当你的情能够让对方感知

到快乐时，你便征服了对方的心。

"死生契阔，与子成说。执子之手，与子偕老。"这句诗也说明了人们发自内心的真情。有了这份心灵碰撞的真情，才能让我们感受到生命的意义，才能直面人生。

2. 微笑：一张"世界通行证"

有人说，"微笑是友善的表现、自信的象征"。 一个面带怒容或抑郁之情的人，永远都不会比一个面带微笑的人更受欢迎。

微笑可以带来积极乐观的心态，使你摆脱窘境，特别是真诚的微笑最能打动人心，可以体现我们的"亲和力"。所以，在人际交往的身体语言中，最具说服魅力的就是微笑，它在社交中能发挥极大的作用，让你收获意想不到的好效果。

周大妈最近在搬家，收拾旧房子时整理出来一大堆零钱。这么多的零钱怎么办呢？拿去购物或是存放都太不方便了，周大妈就想将这些零钱换成整钱。

这天一吃过早饭，周大妈就带着零钱去了银行。银行里办理业务的人很多，周大妈等了半天才到了柜台前，可银行职员一看她拿着那么多零钱，就对她说："点零钱很费时间，你等会儿吧，让别人先来办业务。"

周大妈只好站到一边等，可她等了好长时间，银行职员仍然不接待她。她实在等不下去了，就生气地走了。她又找了一家银行，但当她走进这家银行时，心里又犹豫了，怕再遇到跟刚才一样的情况，便站在门口进退维谷。

这时，银行的接待人员看见了她，马上微笑着走过来说："大妈，请进来吧，您有什么需要帮忙的吗？"

看到对方一脸微笑的样子，周大妈便走了过去，小心翼翼地说："哦，是这样的，我这里有一堆零钱，你们能帮忙换成整的吗？"

"哦，能换的。您先坐在这边的椅子上等一会儿，把它交给我吧。"银行职员仍然微笑着说。

周大妈听了这话很是激动。

过了一会儿，那个银行职员拿着一些整钱过来了。她仍然微笑着说："大妈，您把这些钱拿好，我们给你换成整的了，一共是632元。"

"太谢谢你了，太谢谢你了！你笑得真好看啊，像花儿一样。"周大妈非常高兴，激动得连说谢谢，开心得像中了大奖似的。她乐呵呵地回家去，并且在路上碰到熟人就说："你知道吗？银行的那个女孩子真漂亮呀，她的微笑比花儿还要好看。"

微笑是世界上最珍贵的东西，它可以为你带来温暖，帮你化解朋友间的误会，缩短与他人的情感距离。它可以减少你的羞怯，消除你的恐惧，帮你渡过重重难关。它可以使你的交谈产生融洽的"亲和效应"，为你打开人际交往的大门。

那些幸福的人，都是在即使遭遇逆境时也会微笑的人。学会微笑，你就可以在笑声中尽显英雄本色——用一个灿烂的微笑来面对失败，就好像失败也变得温馨了。

不管多么不起眼的人，只要能保持亲切的微笑，相信别人也会以友好的态度来待他。所以，人一定要笑着向自己的对手致敬，无论是在任何场合，都不要吝啬你的微笑——因为它价值连城，却不需要花费一分钱。

一个周末，身为广告设计师的阿杰开车去一家书城打算买两本专业方面的书。在他挑选书的时候，有一位女孩也在同一排书柜挑选。他感觉自己挑选的、放在书柜边上的那些书可能会影响到女孩选书，就走过去将那些书拿走了。

没想到，女孩很不高兴地白了他一眼，并且嘴里嘟囔了一句："神经病呀，谁喜欢你的书，还怕我拿你挑的书呀？真没素质！"

很显然，女孩误会了阿杰的举动。但是，对方没有指名道姓，而自己又与她素不相识，所以阿杰也不好意思解释什么，便没说一句话，只是默默地继续挑选自己需要的书籍。

可当他买完书在回去的路上，一想到女孩含沙射影的说辞，他的心情就不能平静下来。特别是行驶到一段较拥挤的路段时，他更生气了：怎么一下子冒出来这么多车？这辆老掉牙的车也能开上路吗？瞧，那个司机怎么并线的，简直不会开车……

这些想法使阿杰的心情越来越糟，他简直想跳下车来大骂一通才能解恨。

阿杰一边在心里暗骂，一边把车子开到交叉路口，就在他打算拐弯的时候，旁边开过来一辆大卡车。他想："今天真是倒霉，这家伙一定会仗着他的车大、耐撞先冲过去的。"于是，他便下意识地减速让行。

令人意外的是，大卡车却先慢了下来，并且卡车司机将胳膊伸出窗外向他招手，示意让他先过去。

这时，阿杰看到对方脸上挂着微笑，他满腔的怨气突然消失得无影无踪，觉得道路一下子宽敞了许多，心情也舒畅了起来。于是，他高高兴兴地开车回家了。

天气无法改变，能改变的是心情。

当你拥有了微笑，一切都不是事儿。就像故事中的阿杰一样，买书的女孩将坏情绪传染给了他，使他对眼中的世界充满了怨气与敌意，觉得每辆车、每个人都在与他作对，直到看到卡车司机那朴实的笑容，他心中的不快才一扫而空。

所以，微笑能传递友好、消除敌意，它是化解怨恨的良药。一个灿烂、亲切的微笑，远比一件华丽的衣服更吸引人。

有了微笑，我们才能听到鸟儿的歌唱；有了微笑，我们才能嗅到花开的芬芳；有了微笑，我们的心情才会快乐；有了微笑，我们才能更受欢迎；有了微笑，大家才能化敌为友。

有了微笑，世界才会变得更加美丽多姿。

3. 千万别把坏情绪"传染"给别人

当今是一个高速发展、变化多端的社会，我们难免会遇到一些不顺心的事，从而引起情绪波动，比如一会儿很兴奋，一会儿很愤怒……想必很多人都有过这种情况。

不过，喜怒哀乐乃人之常情，也无可厚非。但是，如果一有情绪波动或心情不好，就冲人发火，或是将一系列负能量传递给别人，就太不应该了。因为，每个人都想开开心心的，都讨厌跟坏情绪的人在一起，谁也不希望被传染上坏情绪。

有时候，一个人的坏情绪往往会影响几个人的好心情。看看下面这个典型的例子：

一名男士在工作中出了一点小失误，上司对他进行了严厉的批评。下班回到家后，男士看到儿子在沙发上跳来跳去很不老实，就把儿子大骂了一通。

儿子被骂后，心里也很窝火，看到家里的花猫在身边打滚，就狠狠地踹了它几脚。花猫莫名其妙地挨了揍，惊慌地逃到街上。一辆车正好开了过来，司机为了避让花猫，不料把路边的孩子撞伤了。

这就是心理学上所讲的"踢猫效应"。可见，传播坏情绪往往会引起一连串的负面效应。

珊珊和程林是一对令人羡慕的小夫妻，老婆貌美如花负责打理家务，老公英俊体贴负责赚钱养家，他们还生了一个漂亮可爱的小公主。这一家人的小日子过得真是幸福美满、甜甜蜜蜜，让很多同龄人非常嫉妒。

尤其是珊珊的好闺密娜娜，更是羡慕珊珊，说她不知修了几辈子的福，竟嫁了这么一个好老公。她说自己的老公既没有程林能赚钱，还不知道体贴家人。

每当这时，珊珊的心里就乐开了花，便情不自禁地将自己的幸福生活向闺密炫耀一番。可是，这种甜蜜的生活并没有长久地维持下去。

原来，珊珊虽然人长得漂亮，但脾气很不好，常常因为生活中一些鸡毛蒜皮的小事而发脾气。并且，每次心情不好的时候，她都会把自己的负面情绪发泄到老公身上。

一开始，程林觉得珊珊像个孩子，没什么大毛病，总是好声好气地哄她、劝她，直到她开心地笑起来。可是，程林越是对她体贴忍让，

她就越自以为是，脾气发得越大，传递给程林的坏情绪也越多。

结果，程林对她的闹腾烦不胜烦，受不了了，终于向她提出了协议离婚。

到了这种地步，珊珊还不知道自己错在哪里——程林提议离婚让她怒不可遏，开始变本加厉地跟程林大吵大闹。程林一气之下便从家里搬出去住了，不久之后就向法院起诉离婚。

人生不一定总是一帆风顺，生活中磕磕绊绊的事有很多，遇到烦恼或者是悲伤的事，常常会让我们感到愤怒和抑郁，时不时发点脾气也是在所难免。

可是，情绪是会传染的。我们发脾气后，往往会将坏情绪发泄到他人身上，这样一来，他人也会心情不好，从而像我们一样闹情绪。如果对方与我们对着干，那就很容易发生"火并"事件，最后伤人伤己。

所以，不管怎样，我们都不能轻易把自己的坏情绪传染给他人。要知道，我们难过、愤怒、伤心……这都是我们自己的事，与他人无关。就算这是他人引起的，也要耐心地与对方商量，因为一味地发脾气只能使事情更糟。

生活中事与愿违的情况常常会发生，对此千万不要一点就着。自己再不高兴，再愤怒，都没有资格将坏情绪传给别人。我们只有学会合理地控制自己的坏情绪，才能使事情好转。

如果一味地任由坏情绪爆发而不去控制，不但会影响人际关系，还会像故事中的珊珊一样影响到自己的命运和家庭幸福。

每个人都有自己的烦恼，所以不要因为自己心情不好而给别人添堵——当你喋喋不休地吐槽时，没准别人也正处于水深火热之中呢。而且，传递负能量除了惹人烦之外，起不到任何积极的作用。所以，自己的事尽量自己解决，不要轻易去招惹别人。

那么，怎样才能不把坏情绪传染给他人呢？希望以下几点方法可以帮到你：

一、学会情绪暂停

杰斐逊说："当情绪难以控制时，可以让自己先从 1 数到 10，然后再说话。假如怒火中烧，那就从 1 数到 100。"这样做可以使情绪暂停，缓解心中的怒气。

还有人提议，当坏情绪爆发时，可以用"停一会儿"的方法来控制。比如，在双方争吵得不可开交的时候，想办法让自己停一会儿——当对方看到你不争了，或许他也不会再说什么。

这样停一会儿，会避免可能发生的争斗。

二、消除情绪问题

如果自己总是情绪低落，或者患了抑郁症，被坏情绪困扰，这时就应该去看心理医生，或是在医生的指导下服用一些抗抑郁药物，从而消除产生恶劣情绪的根源，使情绪得以好转。

三、离开发怒现场

俗话说："三十六计，走为上计。"这也可以用在情绪控制上——

当自己的坏情绪被点燃了，最好马上离开使自己愤怒的场所。当你离开现场之后，没有了导火索，心情就会平静下来。等头脑清醒了，你就会觉得这件事其实也没什么大不了的。

四、自我犒劳一番

当你觉得自己非常委屈时，可以找一家环境优雅的餐厅，点一些平时舍不得吃而又非常想吃的美食，好好地自我犒劳一番。这样，在饱餐一顿之后，你就会觉得心情舒畅了许多。

五、让怒气得到合理的宣泄

当你觉得怒火中烧时，可以找一个空旷的地方，在那里任意地喊叫，将心中的怒气统统都发泄出来。这样既不会因为强压的怒火而伤害自己的身体，也不会伤害他人。

六、不要只看坏的一面

生活中有苦也有乐，什么事都存在两面性。所以，对于自己不高兴的事不要只看坏的一面，生气时也要学会对事态重新加以估计——当你看到光明的一面，就不会被一些烦恼困扰了。

七、转移注意力

当你对某件事越想越气愤的时候，不妨转移一下注意力，做一些轻松快乐的事。比如，洗个澡，唱首快乐的歌等。这样，用不了多大工夫，怒火就会熄灭了。

4. 慈悲：一个人最好的妆容

予人慈悲，才能收获温暖。

人心不是求来的，而是"善待"来的——善待他人是一种品质，是一种慈悲。如果我们怀着一颗挑剔的心看他人，就会觉得人人可恨；如果我们怀着一颗善良的心看他人，就会觉得人人美丽。

心善自然美，心慈自然端。人生不易，生活艰难，我们可以缺情少爱，可以与人争辩，但不可以心存恶念，伤害别人。

在一个雨过天晴的周末，梅子午觉醒来觉得心情不错，决定到街上逛逛。由于刚刚下过雨，天空澄澈如镜，街道、房屋等都被冲刷得干干净净，尤其是花草树木，格外碧绿。

呼吸着清新的空气，梅子迈着轻快的步伐在街上惬意地走着。

突然，一辆车子飞快驶来，梅子觉得自己在非机动车道，没有躲闪。可是，车子虽然安全地从她身边疾驰而过，路上却积水四溅，梅子的身上一下子就沾满了斑斑泥点。

这可是梅子最喜欢的裙子啊，真是糟糕透了！她刚才愉悦的心情顿时一扫而光，而懊恼的情绪使她不由得加快了脚步。两旁的花草树木，她也觉得不那么美丽了，她只想赶快回家换衣服。

不料，梅子正在急匆匆地走着时，又一辆车子迎面开来。有了刚才的教训，她便赶紧下意识地躲开了。但是，就在这一瞬间，司机似乎看透了她的心思——车子放慢了速度，从她身边缓缓地驶了过去，地面上的积水一点也没有溅起来。

面对这个情景，梅子的心里顿时感觉到一阵温暖——她觉得司机一定是个很善良的人。这时，她心中的懊恼一下子消散了，她又感觉树叶是那样碧绿，花儿是那样鲜艳，空气是那样清新，心情是多么愉快……

生命是平等的，予人关爱，才会收获善缘。我们可以批评人，但对人要温暖。温暖是无价的，值得珍惜。最让人难忘的是温暖的时刻，因为它能够给予我们希望和动力。

尘世中，不是所有的事都能让我们称心如意，但有了温暖，我们就可以自信地笑对明天。

在一个漆黑的夜晚，阳光小区外的马路边上坐着两个拾荒老人，他们走了一天，此刻感到非常劳累，于是就找了一个背风的地方坐下来休息，准备填饱饥肠辘辘的肚子。

老人甲刚从包里掏出馒头，结果手一哆嗦，馒头掉在地上，老人乙赶快捡了起来。

"哦，沾上尘土了吗？"老人甲问。

"看不清哦！"老人乙说。

是的，这里的路灯不是很亮，根本看不清馒头是否沾上了尘土，可老人又舍不得将馒头扔掉。怎么办呢？

"咦？可以看清了！"突然，老人乙惊喜地说。这时，他抬起头看到二楼阳台上的灯亮了。于是，他借着亮光把馒头皮撕掉，大口大口地吃了起来。

原来，住在二楼的女主人正巧起夜，她家的阳台和洗手间离得很近，听见楼下有说话声——本来她也是一时好奇，想看看是谁在自家阳台下面，结果看到两个拾荒老人，又听到他们说光线很暗。

女主人不能给老人更多的帮助，但她为他们开了灯，直到他们离开才将灯熄灭。

在人生的漫长旅途中，我们可曾替他人点亮过一盏灯？为他人点上一盏灯，只不过是举手之劳，但它照亮的不仅仅是别人的世界，还有我们自己的爱心。因为，我们都在不知不觉地用着他人给予的那一片温馨的灯火。

慈悲是一盏明灯，即使很小，也可以点亮他人。捧着一颗慈悲心上路，世界就会充满温暖的春风。

人生总会有磨难，总会遇到麻烦，没有人可以一帆风顺。但温暖与灯光却无处不在地陪伴在我们身边，只是我们忽视了，没有感受到它的存在。

予人关爱，才能收获善缘；予人慈悲，才能收获温暖。

其实，助人就是助己，只有常怀一颗友善的心，你的世界才能变得光明。心放宽，世上无伤你之人；你予人宽容，人才会予你和善。当我们点亮幸福的灯，才能在黑夜里寻找到平安。

要知道，慈悲是一个人最好的妆容。

烦恼由心生，快乐随心定。在内心冰冷孤寂的时候，我们要学会去发现和寻找温暖与感动。

在事业处于低谷的时候，我们应该以慈悲的心态努力去获得成功。有所忍，才有所得。不要随意地对一个人或一件事评头论足，因为长长短短的是路，真真假假的是心。

人若坦荡，总有善缘可得。在遭遇挫折、感到痛苦的时候，不要迁怒于他人，不要用自己的尺子去丈量别人的长短。家家都有一本难念的经，人人都有辛酸的泪，所以，心善自然美，心慈自然端。

予人慈悲，才能收获温暖！

5. 幽默的力量：消灭不良情绪的法宝

美国幽默大师鲁特克说："在人生的各种际遇中，幽默是人际关系的润滑剂。它能以善意的微笑代替抱怨，避免争吵，使你与他人的关系变得更有意义。它能帮助你把许多不可能变为可能，它比笑更有深度，它产生的效果远胜于咧嘴一笑。"

是的，每个人喜欢听幽默的语言，因为那像春风一样，会让人充满愉悦——打碎人们的情绪外壳，拉近彼此之间的距离。

幽默是最真诚、最温暖的情感热线。幽默者最富有人情味，跟幽默的人相处，就像聆听动人的音乐、欣赏精美的画卷一样，可以让我们通过温馨、和谐的话语感受到对方坦荡且诚恳的心绪。

在人际交往中，恰当地运用幽默的技巧，可以消除不悦情绪，调和双方的对峙，缓解不友好的气氛，化解尴尬的场面，从而得到最完美的结局。

宴会上，人们激情高涨，个个都开怀畅饮，品尝着美酒佳肴。大

家尽情地狂欢着，情景好不热闹。

原来，一位老将军在热情地款待军士们。可是，当一名士兵与老将军碰杯时，他竟然不慎失手将杯子里的酒泼了老将军一头，热闹欢快的场面顿时僵住了，大家都不知道该如何是好。

这次宴会是为这位老将军的生日而开的，他得过很多荣誉勋章，上级特地为他开宴会庆祝。没想到，这么快乐的场面竟然被一个小士兵给破坏了，于是大家纷纷指责他。

这下，士兵可吓坏了，紧张得全身颤抖，恨不得找个地缝钻进去。其实，他就是在跟老将军碰杯时，因为心情太紧张才导致失手的。

"小伙子，你以为用酒就能治好我的秃顶吗？我可没听说过这个药方呀！哈哈……"老将军诙谐地说着，然后用手擦了擦头顶的酒水，脸上没有丝毫的怒气。

"哈哈哈……"听了老将军的话，大家都笑了起来，酒宴现场又恢复了欢快的气氛。那名士兵心里非常感动，对老将军充满了尊敬与崇拜之情。

有人说："一个具有幽默感的人，随时随地都能发现事情有趣的一面。他们往往有着化腐朽为神奇的力量，能使一些糟糕的事情变得美好起来。与这样的人接触不但能感受到愉快，还能为自己的人格魅力增添光彩。"

就像故事中的老将军一样，他用一句幽默的话不但平复了自己与大家的情绪，同时原谅了小士兵的冒失行为，给了对方一个台阶下，还重新活跃了宴会的气氛，赢得了大家的尊重与爱戴。

很多时候，幽默的沟通方式能使我们帮助别人摆脱难堪的境地，这时大家称赞的不仅会是我们的语言功夫——口才，更会是我们的修养与人品。

幽默能在无形之中化解负面情绪，拉近人与人之间的距离，并以令人愉悦的方式表达我们的真诚和善良。

所以，只有心胸坦荡、不计较得失的人，才能风趣、幽默，让人喜爱。

马克·吐温是美国的幽默大师，发生在他身上的轶闻趣事可谓不计其数。

有一次，马克·吐温乘坐一列火车到一所大学去做讲演。可是，距离讲演开始的时间已经不多了，这列火车仍然开得很慢。

马克·吐温十分着急，心里不满的情绪也越积越多。这时，列车员正好过来查票，马克·吐温想发泄一下心中的怨气，就故意递给列车员一张儿童票。

列车员一看车票，便说："您真有趣呀，可我怎么也看不出来您还是个孩子呢？"

"当然了，我现在已经不是孩子了，但我购票的时候还是个孩子呢。可见，你们的火车开得有多慢啊！"马克·吐温说。

"哈哈……"这句话逗笑了列车员与乘客。

精神分析大师弗洛伊德认为：幽默的人，是最能适应任何环境的人。

是的，幽默是沟通心灵的桥梁，它可以代替抱怨，缓解紧张，避免争吵。幽默的语言能给人诙谐的情趣，帮助我们把许多不可能变为可能——这就是幽默的神奇之处。

就像故事中的马克·吐温一样，他用幽默的沟通方式恰当地表达了自己心中的不满，也让对方在笑声中无可辩解。

所以，幽默不但可以帮助我们将话说得出奇，巧妙，还是平息愤怒的好方法。当我们心有不满或坏情绪爆发时，不妨幽默一下，将负能量以快乐的方式发泄出来，这样才不会伤人伤己。

林肯深受人民的爱戴，但他却有一个人人皆知、很不讨人喜欢的缺陷：容貌一般。为了避讳起见，大家在林肯面前总是很少谈起容貌这个话题。

一次，林肯的一名政敌当着众人的面说林肯是两面派，并讽刺他相貌奇丑，不配当总统。

面对如此不堪入耳的话，林肯并没有怒言相向，更没有甩手而去，而是以平和的态度说："哦，那么现在就让听众来评评理吧，要是我还有另一副面孔的话，我还会以这副难看的面孔示人吗？"

这句话说得如此轻松，却让对方哑口无言了。

在人际交往中，我们常常会遇到一些让自己尴尬或狼狈不堪的事，尤其是在一些重要场合，对这种情形如果处理不当，不但会让自己失态，还会使事态恶化。这时候，最有效的方法就是用幽默的方式去化解。

就像林肯一样，面对政敌恶意的人身攻击，他没有回避，也没有恶言相向，更没有以权势来压制对方，而是利用对方嘲笑自己的缺点，坦然大方地用幽默的方式回应，从而一下子化解了对方的攻击，还显示了自己的素质与人品。

可以说，这句恰当的幽默之言不但帮林肯化解了危机和窘境，还使他赢得了大家的认可与尊重。

我们生活在万花筒般绚烂的社会之中，不管自己愿不愿意，每天都有可能与他人发生一些不愉快或尴尬的事，导致自己心情郁闷或坏情绪高涨。这时，幽默就是生活的调节剂——无论是名人还是普通人，当处于尴尬的境地时，来一点小幽默，或许就可以使自己从窘境中脱身。

还有的时候，我们在与人沟通时会遇到意想不到的障碍，使自己处于进退维谷的情境之中。这时，只有幽默才能像突然长出来的翅膀，将我们带出困境，化险为夷。

所以，千万不要忽视幽默的力量，因为它可以帮我们克服不良情绪，化解心中的怨气，重获他人的喜欢与支持。

6.善待别人：最有效的"感情投资"

生命中最难懂的是感情，最难求的是真情。

"人敬我一尺，我敬人一丈。""滴水之恩，当涌泉相报。""投我以桃，报之以李。"这些话真挚而热情地传递着人与人之间的互助、关爱、感恩以及友谊，也说明了一个最实际的真理：付出总会有收获。

帮助别人，别人就会帮助你，所以，善待别人就是善待自己。

在日常生活、工作中，我们应该进行感情投资——有能力就多帮助别人，而不是批评或指责，要知道，人心不是靠武力征服的。聪明的人懂得善待别人，不会抓着对方的错误不放，这样才能为自己积累起雄厚的人情资本。

赵东是个农民，以种地为生。这一年，他为了提高粮食的产量，特别买了一种产量很高的新玉米种子。

邻居们听说后，便纷纷向赵东询问这种高产的玉米种子是在哪里买的。赵东害怕大家都种了这种玉米后自己会失去竞争优势，所以犹豫再三，决定不告诉大家实情。这样一来，邻居们只好作罢。

谁知，到了玉米成熟的时候，赵东家的玉米长势并没有预想中的那么好，而且不知怎么回事，邻居们的玉米产量也都不太好。

这是为什么呢？赵东百思不得其解。

后来，他心中实在气愤不过，就去找卖玉米种子的种子站说理。一开始，种子站的农学专家也不知是怎么回事，因为他们售卖给别人的种子，种出来后玉米都长得非常好，为什么唯独他家的玉米没长好？

后来，经过多次调查研究，终于找出了赵东家玉米没有取得高产的原因：由于他的农田与邻居们的农田相挨着，而邻居们的田里种的都是普通玉米，于是他家的良种玉米也接受了普通玉米的花粉，从而造成了减产。

"啊？是这样啊！"赵东得知真相后，后悔莫及。

想要别人善待自己，首先就要做到善待他人。当我们一路向前冲刺的时候，不要忘记停下脚步朝后面望一望，看看有没有像我们一样急着赶路的人。如果有，我们不妨与对方同行。

反过来说，善待他人也就是善待自己。

那么，什么是善待他人呢？雨果说："世界上最宽阔的是海洋，比海洋更宽阔的是天空，比天空更宽阔的是人的胸怀。"

宽容即是善待，善待他人就要学会宽容。当我们以宽容的心态来对待他人，甚至对待敌人时，我们就学会了善待他人。

比如，当我们因为一些小事与对方争得面红耳赤，甚至大打出手

的时候，如果我们能做到迅速地冷静下来，表现出"将军额上能跑马，宰相肚里能撑船"的气度与胸襟，原谅对方，那么，这时我们就做到了善待他人。

生活中，人与人之间多一份善待，感情里就会少一些飘零。我们给他人雪中送炭，对有过节的人不计前嫌，都是善待他人的表现。

容志行是中国的足球名将，在 18 年的足球生涯中，他曾多次参加国内外的大型比赛。他始终保持着积极的体育竞技精神，是一众后辈的榜样。

当年，中国队和新西兰队进行一场决胜比赛。就在比赛进展到白热化时，对方球员为了夺球竟狠狠地踢在容志行的左脚踝处——由于用力过猛，导致他的左脚流了很多血，在医院经过一个多月的治疗才勉强恢复。

后来，在与科威特队的比赛中，容志行又被对方球员踢倒两次，而且受伤部位都是左脚踝处——旧伤未愈，又添新伤，致使伤口严重破裂，这对他的职业生涯来说有巨大的影响。

事发后，有人对容志行说："你真是老实，为什么不发火、不报复对方呢？"

容志行释然道："我觉得没有那个必要。对方已经受到裁判的制裁、观众的谴责和同伴的批评，对方的思想上也会有所触动，这样利于他改正。你若以错对错，报复对方，反而会助长他的粗野行为。"

　　容志行以宽容厚道的个人品格和高尚的体育精神，赢得了广大球迷的爱戴，同时也受到了同行的赞赏以及世界体坛的颂扬！

　　我们应当学会宽容，善待他人。因为，小的宽容能使人与人之间和睦相处，大的善待能维护国家和人民的利益。

　　"赠人玫瑰，手留余香。"其实，每一份关爱都是人情。当与人意见不一，发生冲突时，多一些忍让，少一些指责，事情也就无声地过去了——这不仅对我们的健康与利益无害，还能提高我们的道德修养和精神境界。

　　人不能总想着自己，也要多想想别人。不要一味地指责别人的缺点，更不要嫉妒别人的成绩，应该以豁达开朗的心境和热情友好的态度去关爱他人、帮助他人。

　　学会善待他人，你才能拥有属于自己的风景，才有真情可珍惜，才有缘分去相守。

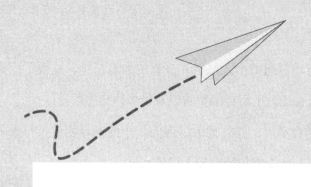

第 五 章

自卑与超越：向与生俱来的心理顽症宣战

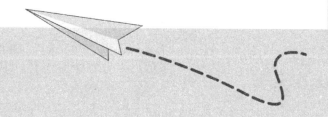

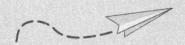

1. 忧郁："心灵感冒"也要治

日常生活中，令人烦恼的事时有发生，所以每个人都会有不愉快的经历。不管你是否愿意，一些烦恼都会出现在你的生活里，使你感到伤心和痛苦，给你的心灵造成重创。

如果不及时排遣、调整这种负面情绪，久而久之，你就会感到忧郁和苦闷，严重的还会导致抑郁症，形成病态心理。这种心理又被称为"心灵感冒"，但由于它没有明显的症状，无法引起人们足够的重视。

抑郁是一种很复杂的情绪，很多人患有抑郁症却不自知，从而受到悲伤、困惑、不安、焦虑、无助等情绪的困扰。一个人如果一直不能从这种消极情绪中解脱出来，那么，他最后很可能会做出一些可悲的事。

美籍华裔作家张纯如女士，出身书香门第，自幼聪慧。长大后，她更是秀外慧中，出落成一位才华横溢的才女，德才兼备的优秀学者。

张纯如青年时就读于伊利诺伊大学和约翰·霍普金斯大学，大学毕业后，她先后就职于美联社和《芝加哥论坛报》等一些颇有影响力的新闻媒体。随后，她开始了写作生涯。

继《中国飞弹之父——钱学森》之后，她的第二部作品为《南京大屠杀：被遗忘的二战浩劫》。这是第一部充分研究南京大屠杀的英文著作，首次让西方国家全面了解了日本法西斯在中国犯下的罪行，出版后立即受到关注，《纽约时报》称它是一部影响巨大的作品，"60多年首次打破中、日、美的沉默"。

之后，她获得了俄亥俄州伍斯特学院荣誉博士学位，又出版了作品《美国华裔史录》。

按理说，张纯如的人生应该是快乐而富有意义的，她却在后来用手枪结束了自己的生命。那么，当时年仅36岁的她为什么会如此草率地选择自杀呢？

原来，这与她的抑郁性心理障碍有关。据说，她的作品《南京大屠杀：被遗忘的二战浩劫》出版后，一些日本右翼分子曾对她多次进行过恐吓，这使她的精神备受折磨，从此变得沮丧而无助，沉浸于忧郁的情绪之中不能自拔。

后来，她被医生确诊为严重型"抑郁症"，开始了长达5个月的住院治疗。但治疗没有让她的情况有所好转，反而使病情持续恶化。最终，她因精神崩溃而自杀。

俗话说："人生不如意事十之八九，可说与人无一二。"当一个正常人遭到挫折、打击时，内心都会有一定的痛苦，表现为话少、闷闷不乐、流泪等，这都是正常反应。

但是，如果一个人碰到内心难以承受的打击，并长期无法释放和排挤时，就可能产生忧郁情绪。

忧郁情绪是一种心理障碍，是指一个人经常处在忧郁的情绪之中，感到焦虑不安，时而表现得神经兮兮，时而又表现得正常。心理学认为，它是一种广泛的负面情绪，同时又是一种特殊的正常情绪。

不过，当忧郁情绪越积越多超过了正常界限，就会畸变为"抑郁症"。有关资料表明，约有15%以上的抑郁症患者死于自杀。可见，抑郁症是意志极度消沉的一种表现。

心理学家认为，抑郁情绪产生的原因至少有两种：一是发觉自己原先享有的东西现在失去了；一是没有得到自认为应该得到的东西。这种曲解的认知会使人产生强烈的失落感，长此以往，便会导致情绪恶化，从而引发心情抑郁。

从性别的角度分析，女性比男性患抑郁症的概率更大。由于当今社会生活节奏快，为了适应社会与生活，很多女性不得不身兼数职——她们除了要做好妻子、母亲的身份外，还要做一个好领导、好员工去打拼事业。所以，当今女性的生活压力越来越大，患抑郁症的比例也越来越高。

此外，性格内向、多愁善感的人也容易患抑郁症，特别是女性。《红楼梦》中的林黛玉就是一个内向自卑、敏感多疑的女人，她总是用消极的眼光去看事物。

比如，看到花开，她就会联想到花落时的凋零景象；看到别人一家团聚，她就会联想到自己与父亲离别时的凄惨情景，以及孤苦伶仃、寄人篱下的现状；夜里听到风雨声，她便认为这是冷酷的风刀雨剑。

可以说，无论什么事，她都能从中看到阴暗、消极、悲观的一面——她的生活几乎没有希望与快乐。所以，她常常闷闷不乐，闭门不出，独自一人对空叹息，以泪洗面。最后，她终于抑郁而终——花一样的生命就那么香消玉殒了。

那么，我们该如何排解忧郁的情绪呢？如何防止小忧虑发展成可怕的抑郁症呢？首先，我们应该先了解一下抑郁症有哪些具体表现：

1. 莫名觉得心慌或惴惴不安；

2. 思维反应变得迟钝，行动也变得迟缓；

3. 经常感到疲惫，做事力不从心；

4. 记忆力下降，总是感觉自己什么也记不住；

5. 长时间失眠，醒后难以再次入睡；

6. 总是感到自卑，经常内疚、自责，对未来没有自信；

7. 觉得生活没有意义，对周围的一切都失去了兴趣；

8. 经常有轻生的念头，认为自杀是一种解脱；

9. 食欲不振，或者暴饮暴食；

10. 脾气古怪，感觉周围的人都在与自己作对；

11. 对性生活失去兴趣，甚至厌恶；

12. 不由自主地感到空虚，甚至为一些小事愁眉不展；

13. 敏感而多疑，总是怀疑自己得了大病；

14. 变得冷酷无情，不愿与他人交往；

15. 对自己做错的事耿耿于怀；

16. 常常因为他人一句不经意的话而生气；

17. 经常感到头痛，整天无精打采；

18. 非常懒散，不修边幅，随遇而安，不思进取；

19. 虽然不断进行各种检查，但仍难排除疑虑；

20. 经常出现恶心、腹胀、腹泻或胃痛等情况，但检查时又没发现明显的症状；

21. 喜欢独处，害怕他人会伤害自己；

22. 不愿与他人沟通，甚至不愿与亲人交流。

虽然抑郁症的表现是多方面的，但主要表现为情绪低落、思维迟缓、意志消沉等症状。如果你出现了上述情况中的 1～5 条，就要注意了；如果超过 5 条，务必要引起高度重视，而且应及时想办法缓解，并寻求他人的帮助或是去看心理医生。

心理学研究认为，一个人遇到精神刺激后会产生短期的忧郁情绪反应，如果在两周内能自己逐步调节或排除，那么，这种情况可视为情绪的正常变化，不必大惊小怪。

不过，这种消极情绪如果在两周之后仍然没有好转，并没有恢复到平时的心理平衡，则意味着你原有的自我心理防卫功能削弱了。这时，你就应该引起相应的重视，尽快地想法缓解或去看心理医生。

如果你的精神一直陷于忧郁的状态，或是出现忧郁情绪的发作，这种情况持续了 3～6 个月仍然没有好转的迹象，那么它就属于心理

障碍，并应视为病理性抑郁症状。此时，你就需要找专业心理咨询师去诊治了。

如果忧郁症状长达一年以上，则属于抑郁性心理疾病，应该到专业的心理医疗机构去求诊。

一般的忧郁情绪可以通过以下方法自我排解：

一、自我肯定

自我肯定可以振作精神，相信自己能把事做好，可以感受到快乐。所以，对自己的能力进行肯定是一个不错的方法——只要保证一天至少完成三件事，就可以有效地缓解心中的不快。

二、送礼物给自己

尤其是女性朋友，当发觉自己心情不快、闷闷不乐时，可以买一些礼物送给自己，这也是一个不错的方法。

三、打扮得漂亮一点

越是在情绪低落的时候，越要打扮得漂亮一点，尤其是女性，可以精心打扮一番。比如，换个新发型，穿漂亮的衣服，化精致的妆容。发挥自己的外在美，能使坏心情转好，从而减缓忧郁，振作起来。

四、善待自己

尽情地享受生活，泡个热水澡，听场音乐会，游泳或者打羽毛球，跟朋友一起去吃美食或逛街等，也能有效地排解抑郁情绪。

2. 焦虑：做自己的心理治疗师

生活在一个快节奏的时代，当遇到一些突发事件时，我们往往会手忙脚乱，焦虑不安。比如，第一次来到陌生的环境；突然接到亲友身患癌症的消息；与某个重要客户会面时，自己因为患重感冒精神不佳而给对方留下了坏印象……这些情况都可能让我们感到焦虑。

生活中，有很多人可能经常处在焦虑的情绪之中，原因很复杂：工作、进修、受同事排挤、被上司训斥、失业、孩子升学、家庭矛盾、高消费等等。这些数不清的烦心事会让我们产生种种压力，使身心俱疲。

今年刚 38 岁的贺松，突然发现自己好像老了好几岁——他觉得自己的身体每况愈下，原来一口气就能轻松地爬上六楼，现在走到四楼就累得气喘吁吁了。尤其是最近几个月来，他总是无缘无故地感到紧张，害怕。

记得三个月前，上级领导委派他到新的分公司去暂时负责领导

工作，从那时起，他就觉得自己的精神状态有些差——心情总是莫名地焦虑不安，似乎有什么重要的事没处理好，但一时又想不起是什么事。

贺松原来是一个个性好强、做事认真的人，小时候，在家里他总是与大自己三岁的哥哥比——不管做什么事他都想超过哥哥。

但由于年龄小、经验不足，他真的很难超过哥哥。于是，与哥哥的竞争便成了他生活的主题。另一方面，他又非常害怕自己万一真的超过了哥哥会惹他生气。在这种状态下，他的心理一直矛盾着，一直处于焦虑之中。

工作后，贺松也一直争强好胜。这几年，有一位资历比他高、各方面能力也不错的同事，是大家公认的晋升对象——但由于他平时表现得更好，于是便破例得到了领导的提拔。

虽然现在的职位是他进单位以来一直渴望的，可目标真的实现了，又触发了他小时候与哥哥竞争又唯恐对方怨恨的心理情结。所以，现在他又不安起来，潜意识里总是非常害怕那位资历高的同事会对他产生不满，或与他作对。

由于这种心理症结的影响，贺松一直感到坐立不安，心情愈发焦虑，连健康也越来越不好了。

焦虑症，在心理学上又被称为当今社会的"文明病"。因为，在快节奏的生活之下，人们的心理会越来越紧张，焦虑情绪也就会越来越多。如今，作为一种负面情绪，焦虑已经成为人们精神上的一大天敌。相对来说，一个人所受的刺激与打击越多，越容易发病。

《杞人忧天》的故事我们都很熟悉，说的是一个杞国人由于整天担心天要塌下来而紧张得坐卧不安，无法正常地生活——仿佛自己随时都有可能被"塌下来的天"砸死。这就是典型的情绪焦虑症。

人一旦有了严重的焦虑情绪，就会心烦意乱，杂念万千，寝食难安，从而影响正常的生活与学习，严重的还会引发生理方面的不适，比如心悸、胸闷、头痛、头晕、恶心、多汗、尿频、失眠、乏力、厌食以及呼吸紧迫等症状。

一个人如果长期处于精神紧张的状态，就有可能引发焦虑症。通常来说，引发焦虑症的原因有以下几点：

一、天灾人祸

天灾人祸往往是不可挽救的，对此，有些人会在无奈之下等待失败。这种人会认为一切都完了，从而引起紧张、焦虑、失落或绝望的情绪——如果这些情绪不能及时地缓解或调节，就会引发焦虑症。

二、神经质人格

有神经质人格的人，一般与正常人的心理情绪不同，因为他们不但对任何刺激都很敏感，而且整日提心吊胆、疑神疑鬼的。因此，在他们眼中，仿佛世界无处不是陷阱——如此，怎么能不陷入焦虑之中呢？

所以，他们不但抗压能力低，而且常常无病呻吟，顾影自怜。尤其是遇到挫折的时候，他们不但自我防御反应会过度，往往还会一触即发，从而做出一些过激行为。

三、意外事件

生活中有些人天生喜欢安乐，没有迎接人生苦难的思想准备，所以一遇到困难就会惊慌失措、惶惶不安，从而情绪焦虑、怨天尤人。殊不知，人一出生就会面临生老病死苦的磨难——只有善于适应困境，才能活得安然。

四、过于追求完美

有的人事事追求完美，只要生活稍微出了一点差错便会长吁短叹，觉得自己不如人或运气太差，从而感到心烦意乱，焦虑难安。其实，这只是他们给自己设置的精神枷锁罢了。

五、神经反应过强

医学心理学研究发现，那些自主神经系统反应性过强的人，会经常表现出晕眩、呼吸急促、大汗淋漓、心跳过快、大小便过频、手脚冰凉、胃部难受等不适症状。

这是由于超负荷工作所致，所以，"工作狂"更容易患上焦虑症。

六、神经过分机警

有些人天生机警，对人对事都是小心翼翼——而这种时刻都处在警惕之下的精神状态会影响工作和睡眠，从而使人陷入焦虑情绪之中。

七、对未来丧失信心

有些人总是为未来担心，比如，担心自己的安危、亲人的健康、财产的得失，以致对生活丧失信心。久而久之，他们就会患上焦虑症。

八、表情紧张

有些人觉得自己不能放松下来，便常常表情紧张，不管有事没事，面部肌肉始终紧绷着。慢慢地，焦虑情绪便不请自来。

人不管是贫困还是富有，健康状况如何，都有可能会产生紧张、焦虑，但是，我们虽然基本上都有过各种情绪的体验，但并不是每个人都会积极地进行自我调适。

邵元对搭乘飞机非常恐惧，而且，这种恐惧的心理状态一直持续了很久才得到调适与改善。

他说，那段时间他经常处于高度的精神焦虑之中，如果自己能早点将这个问题说给他人听，就会早点发现问题——原来这并没有那么可怕，因为像他一样对搭乘飞机有恐惧感的人竟然有很多。

在一次旅行中，有几个人跟他分享了搭乘飞机的心情，这时他才明白这种不安的心理并非只是他一个人有。当时，大家还一起讨论出许多化解这种恐惧心理的方法，随后，他便利用那些方法开始进行自我调适。

慢慢地，他那搭乘飞机的焦虑情绪才得以化解。

可见，长期的焦虑不安会严重扰乱人的正常生活。如果不早点发现问题并加以解决，这样的小忧虑很可能会演变成焦虑症，从而让你身心俱疲，甚至还会影响你的生活和事业。

因此，我们要及时发现自己的焦虑情绪，并采取有效措施去缓解，具体可参考以下方法：

一、保证睡眠法

一般来说，睡眠时间越少，情绪将越紧张。患有焦虑症的人大都很难入睡，而这会导致病情更加严重。所以，保证良好的睡眠，让自己睡眠充足是减轻焦虑的有效方法之一。

二、安慰乐观法

保持乐观的心态，有助于缓解焦虑情绪。当一件事没有处理好时，不要一味地责怪自己，而应学会给自己鼓励，比如："别人还没有我做得好。"时刻对自己充满信心，才不至于紧张不安。

三、深呼吸放松法

深呼吸可以使呼吸速率减缓，从而缓解不安的情绪。当你感到焦虑时，可以连做几次深呼吸，从而放松自己的心情，缓解心理压力。

四、多吃蔬菜水果

医学心理学研究发现，一些绿色和橙黄色的蔬菜水果是缓解压力、释放不良情绪的最佳食物，所以平时可以多食用。

五、常洗热水澡

研究发现，当人感到焦虑时，体内流到四肢末梢的血液便会不断地减少，从而使精神越来越紧张。而洗热水澡可以帮助身体的各个器官慢慢地放松，从而促使身体恢复血液循环，这就会减轻心中的焦虑情绪。

3.孤独：拥抱你的内在小孩

　　随着社会发展的节奏越来越快，人们的生活越来越忙碌，人与人之间的关系也越来越疏远。有的人总抱怨别人不理解、不接纳自己，觉得自己活得很孤独。

　　我们总是在和时间赛跑，马不停蹄地忙于工作，很少有机会与家人聚会，跟朋友进行心灵的恳谈，甚至觉得没必要与人沟通，结果使自己变得越来越孤独。是的，大家都在忙自己的事，谁也没有多余的时间与别人闲聊或陪伴他人。

　　因为忙碌，我们忽略了四季的更替；因为忙碌，我们没时间注意生活的细节和心理的变化。就这样，我们在忙碌中过了一年又一年。

　　当有一天回首的时候，突然才发现自己是一个孤家寡人——对于生活，自己好像局外人一般，与谁都没关系。这时候，我们的心头便会涌起一股深深的孤独感，它是那样落寞与无奈。

　　作家三毛的一生虽然短暂，却留下了很多打动人心的文字与故

事。可是，与其说她短暂的人生实在令人扼腕叹息，不如说她那孤僻的性格连累了她，使她在奋笔创作的大好年华离世而去。

小时候，三毛的智力就远超同龄人，但她有一个致命的弱点——孤僻。

在本该玩耍的童年时代，三毛不喜欢与同龄孩子相处。性格孤僻的她总是喜欢一个人到阴森森的墓地去——那长满野草的荒凉之处，别的孩子都不敢去的地方，却是她一个人的乐园。

面对瑟瑟野风、阵阵鸦啼，她没有丝毫的恐惧感，一待就是好长时间，还常常一个人趴在地上玩泥巴。

到了青少年时期，读初中的时候，三毛因为数学成绩不理想而受到数学老师尖刻的羞辱，这件事对本来性格就孤僻的她来说，更是雪上加霜。

当时为了惩罚三毛，数学老师当着全班同学的面，用墨汁在她的眼眶周围涂了两个大圆圈，并让她到教室外的走廊里走一圈。这对生性孤僻的三毛来说，无疑比被当众判了死刑还难以承受。

面对同学们的哄堂大笑与指指点点，三毛的心灵留下了再也无法愈合的创伤。痛苦使她再难发现生活的快乐，从此她就患上了严重的心理障碍——自闭症。

在这种心理情况下，三毛再也不能受一点点刺激，如果有人无意提到了关于学校如何的话题，也会刺激她那紧绷着的神经。后来，因为情形更加严重，她干脆不出卧室半步，只一个人静静地待着，那样她心里才会感到安全些。

就这样，这种孤僻的心理隐患——想逃避现实的性格整整影响了三毛一生。

三毛的心理状态，就是心理学上所讲的孤僻症，也叫自闭症。心理学家对孤僻症是这样概括的：社交恐惧、强迫性行为和交流障碍。

美国心理学家认为，这种孤僻心理状态的产生，是因为一个人缺乏基本的社交技能，不知道如何与他人沟通，从而使自己无法与他人建立持久的社交关系。

此外，社会心理学家认为，患有孤独症的人有三个明显的特征：

第一，他们有不良的社会关系，比如单亲家庭、丧偶、失子等；第二，他们常常觉得心情烦闷，总为一些小事苦恼；第三，虽然他们的情绪状态不佳，但精神状态与常人别无二致。

不管怎么解释，孤独绝对是个灰色的词语，它总是给人带来种种消极情绪，比如沮丧、抑郁、绝望、烦躁、失助、自卑等。所以，心理学家将这些消极的、无助的、孤单的、寂寞的情绪体验称为人的"孤独感"。

在后来的心理学研究中，人们又发现，孤独感对人体的危害很大，因为它而引起的死亡率与吸烟、肥胖症、高血压引起的死亡率一样高。这足以表明，过于孤僻的心理状态绝对是一种不良情绪。

有个年轻人自称孤独者，他说自己不需要亲人，也不需要朋友，所以，他身边连一个可以说上话的人也没有，总是孤身一人生活着。

一天，他靠在树上，闭着眼睛晒太阳，还有气无力地打着哈欠，整个人一副神情恍惚、无精打采的样子。这时，一位智者经过这里看到了他，便禁不住问道："你怎么一个人待在这里？难道没有事情可做吗？"

"是的。除了晒太阳，我无事可做——因为我是孤独者，一无所有。"年轻人稍微睁眼看了一下，有气无力地说。

"哦？难道你没有家，没有爱人和孩子吗？"智者接着问。

"没有，什么都没有。难道你没有看到过，爱人会弃你而去，孩子长大后也会离开你，我何必自寻烦恼呢？与其承担这样的家庭负担，还不如没有呢。"年轻人不耐烦地说。

"那你还可以去做自己的事业或是想办法赚钱呀，也不至于这样浪费年华、虚度人生吧？"智者继续劝道。

"不不，财物都是身外之物，赚过来再花掉，何必那么麻烦？"年轻人摇着头说。

"哦，你说得似乎有些道理。那我送给你一条绳子，你去上吊自杀吧！"智者说。

"什么？你为什么让我去死？"年轻人惊呆了。

"人固有一死，既然将来也是死，那现在何必要活着呢？死了以后，你什么都不用做了，也不会再感到孤独了。"智者说。

年轻人听后，哑口无言。

虽说孤独不是一种病态心理，但它是不良的精神状态——它就像眼镜王蛇吐露在外的毒牙，人都害怕它。

心理学家认为，孤独感是自找的，因为它是性格孤僻、内心封闭、害怕交往所造成的。事实上，一个人对周围的一切缺乏了解，与周围的人无法沟通，他就会体验到孤独的滋味。

然而，在当今时代，孤独很普遍，以至于它被心理学家认为是人类的通病。

常感到孤独的人，总是倾向于在社交时喜欢对自己和他人做出严厉且苛刻的评价，并且顾影自怜，无病呻吟。他们平时总是一副可怜兮兮的样子，不愿与他人交往，更不愿努力做事，就像上述故事中的年轻人一样，终日无所事事，情绪低落。

可见，孤独感对人体健康也有很大的危害。因此，孤独的人不应该"享受"孤独，而应该想办法超越孤独，活出人生的意义。

"仓促的世界使我们逐渐感到厌倦，相对的孤独是多么从容、多么温和。"这句话是英国心理学家安东尼·斯托尔说的。在他看来，孤独不是一件坏事，而且孤独的生活是从容的。所以，孤独并不可怕，重要的是你怎么去面对它。

一个人可以使自己的精神世界不被世俗所侵犯，可以随心所欲地按照自己喜欢的方式去生活。事实也是如此，要知道，努力地工作，燃烧自己的生命，最终实现理想，是每个人都想创造的奇迹。

有时候，孤独感是一种人生考验，就看你能不能超越它而走向辉煌。那么，如何消除孤独感并超越它呢？希望以下几点方法能对你有所帮助：

一、给自己定一个合理的目标

一个有所追求、懂得生活意义的人，就不会害怕孤独。所以，要想超越孤独，就要早点给自己树立一个合理的人生目标。

我们不要害怕自己得不到他人的支持与理解，会孤立无援甚至被他人排斥什么的——只要自己意志坚决，孤独就不算什么。

二、温暖别人也是温暖自己

面对孤独的心理状态，要想从根本上克服内心的脆弱，就要设身处地地为他人着想，看看他人有什么事是需要你帮助的——温暖别人也是温暖自己。只有这样，你才能打破自己所处的尴尬局面。

所以，什么时候都不要忘记他人——想超越孤独，首先要去温暖他人。

三、学会正确地进行自我评价

心理学家研究发现，那些自我评价低的人往往容易产生孤独感，因为他们不敢进行正常的社交活动。在缺乏自信的情况下，他们总是贬低自己，做什么事都怕遭到拒绝，所以就会孤独。

可以说，一个人的自我评价与孤独感是互为因果的。

因此，你平时要善于发现自己的长处，并学会冷静、客观、合理地进行自我评价。当你发现自己的优点时，自信心就会增强，克服孤独也就容易多了。

4. 空虚：走出你的"情绪湿地"

生活中，我们每天都要应付衣食住行，但有的人行色匆匆，忙忙碌碌；有的人百般聊赖，无所事事。前者大多都活得紧张，充实，后者则大多都活得乏味，空虚。

空虚也是一种消极的情绪，是心里不充实的表现。比如，有的人经常会说一些悲观的话："活着真没劲！""我这一辈子算是没啥拼头了！""我都这么大岁数了，啥也不想干了。""日子真无聊，就这么混着吧！"

可以说，这类人的精神状态就是消极的表现。由于他们过分地计较个人得失，往往会出现对社会现实不满的情绪。所以，他们不但对社会现实的认识是片面化的，而且还缺乏正确的自我认识。

这类人最大的特点就是志大才疏、眼高手低，一旦事情的发展没有达到他们的心理预期，他们就会感到忧郁不安，甚至万念俱灰，从而什么正事都不想做，一天天无聊地打发日子。

有一位年富力强的中年人，他总是感到生活很空虚，整天无所事事的，马上就要五十岁了还一事无成。

一天，他遇到了一位智者，就向智者请教："尊敬的先生，我的生活毫无意义，每天都没有重要的事可做。为此，我不但心情郁闷，还耗掉了我大半生的时间。现在，务必请您给我指明一个前进的方向，让我也像那些成功者一样找到自己的人生价值。"

"哦？你的人生与别人有什么不同吗？我怎么觉得你的生活与别人没有什么差别呀——因为，大家每天都拥有同样的 86 400 秒时间。"智者微笑着说。

"拥有同样的时间有什么用处呢？它既不能被当作荣誉，也不能为我带来欢乐和幸福，连一顿美餐都换不来。"中年人听了智者的话，很是无奈地说。

智者连珠炮似的问道："你不觉得每一秒都很珍贵吗？你难道不知道'时间就是效率''时间就是金钱''时间就是成功''时间就是幸福'的观点吗？

"如果这些你真的都不知道，那你就去问问那些因为停电而耽误炒股的专业人士，看他们的一分钟值多少钱？你去问问那些主治医师，抢先一分钟做手术可以为病人减轻多少疼痛？你再去问问那些刚刚与金牌失之交臂的运动员，慢一秒钟为他们带来了怎样的遗憾？"

"哦哦……"看着智者严肃的表情，中年人一句话也答不上来。他似乎明白了什么，这是他第一次感到惭愧和紧张——而以前，他的内心总是被空虚占满。

当一个人失去了精神支柱，终日生活在窘境中而无事可做时，空虚的情绪就会趁虚而入。

比如，当社会价值多元化导致一些人无所适从时，生活的外界环境突变时，或者个人价值被抹杀时，就会使他们对社会现实和个人价值产生一定的错误认识，在思想上出现以偏概全的观点，从而偏颇地评价某一社会现象或事物。

久而久之，这就会引起他们的空虚。尤其是一些会导致心情失落或困惑的事，比如高考失败、失恋、离婚、下岗、退休等，最容易引发空虚情绪。

其实，空虚是一种社会病，而且情况极为普遍。人一旦产生了空虚心理，便会常常感到无奈，沮丧，落寞，觉得人生没价值，生活无意义。

心里空虚的人一般都不思进取——他们没有奋斗目标，自然就不会努力。为了打发无聊的时间，有的人常常会去寻找刺激，比如赌博、吸毒、闹事，甚至偷盗、抢劫、奸淫等，从而给他人、给自己都带来严重的不良伤害与影响。

空虚心理带给人的危害是极大的，切不可任其肆意发展下去。

许强是一个精明能干的人，自己开了一家广告公司，才 35 岁就已经事业有成。没用几年，他就在业界打响了名声，成了人人羡慕的成功人士。

然而，在赚到钱之后，他觉得生活越来越没意思——之前的拼搏精神也没了，像整个换了个人似的，一反常态，终日沉溺于灯红酒绿之中，醉生梦死。

这还不算，最不应该的是，他还染上了毒瘾。直到有一天，当他在一个地下吸毒场所再度忘我地飘飘欲仙时，被突然冲进来的警察抓获——他的事这才被公众所知，而他曾经的光辉形象也蒙上了灰色的阴影。

是的，生活中有很多取得卓越成就的成功人士，在他们光鲜的外表下，往往都隐藏着不为人知的阴暗面。

对此，大多数人认为是他们的愚昧害了自己——其实，他们也不愚昧，有谁见过愚昧的人成功了？他们何尝不知道凶杀、抢劫等违法行为终将会把自己送进监狱，身败名裂？

那么，到底是什么原因导致他们做出了这些行为呢？其实，他们从人生的顶峰跌至低谷，就是因为他们迷失了自我，患了精神空虚症而无法自救。

可见，思想空虚是多么可怕——它就像是人心的无底黑洞，具有超强的吸力，一旦被卷进去，整个人就完了。

据心理学家调查研究发现，容易产生空虚心态的有以下三种：

第一种人：他们生活优越，完全没有生计忧虑。物质条件充足使他们习惯了对日常生活的满足与享受，便沉溺于声色犬马之中。他们根本就不知道人还要积极地去生活，也更加看不到人活着的意义是什么，所以常常空虚度日。

第二种人：由于心比天高，他们设定的人生目标总是不切实际。于是，当目标无法实现时，他们受不了现实的打击，心情便会低落，消极，从而一蹶不振，虚度时光。

第三种人：不管生活是好是坏，他们都感觉不到幸福，也体会不到生活的意义，从而心灵空虚。

不过，不管是哪种情况，精神空虚都会导致人不思进取，由此带来很多负面影响。所以，发现空虚心理一定要及早地纠正与克服。

希望以下几点方法可以帮到你：

一、认知正确，接受现实

不管在什么时代，社会都不可能是完美的，我们既要接受它积极的一面，也要承认它有消极的一面——不要只看消极的一面，从而以偏概全，不求上进。一个强者要有正确的认知能力，要学会接受现实、正视现实，这样才能够改造现实。

二、多与人交往

多与人交往，多交一些朋友，大家一起聊天，玩乐，就可以使心灵得到充实。所以，空虚的人应学会交朋友——与朋友互帮互助，就能让空虚逐渐离你而去。

三、磨炼自己的意志

一个敢于正确对待挫折和失败的人，往往不会空虚。因为，这样的人大多敢于磨炼自己的意志，在逆境中成长。所以，空虚的人要不断地提高自己战胜挫折的心理能力，尽量做到"不以物喜，不以己

悲"——只有心灵充实，才能把握自己的命运。

四、目标一定要符合实际

一个人有了志向才会有追求的动力，那些没有目标的人往往不愿意努力奋斗，从而空虚度日。不过，我们给自己定的目标一定要与自身的实际能力相符——太低太高都不好。

因为，目标太高的话，即使奋斗了也往往实现不了；目标太低的话，努力了也不会有多大的收获。所以，我们给自己定的目标一定要符合实际情况，这样才能让自己活得充实而快乐。

五、克服懒散的习惯

那些无所事事的人，大多心灵空虚，总是喜欢胡思乱想，渴望一些不切实际的东西，到头来却什么都得不到。这样的人因为懒散而不愿付出努力，更不想有所追求，心里自然空虚。

所以，只有慢慢养成努力的习惯，才能消除精神上的空虚。

六、培养自己读书的兴趣

读书可以明智，可以使人从知识中汲取力量。那么，空虚的时候不妨培养自己读书的兴趣，让心灵不断地得到充实。所以说，读书能使自己挣脱狭隘思想的束缚，从而树立起积极向上的人生观。

5. 社交恐惧症：内心的重建

生活中，我们经常会看到这样的情景：

在某个公众场合，某个人发言或提议时不由自主地退却了，或是勉强地说了几句话，但也表现得支支吾吾，语无伦次，并且紧张得面红耳赤。这种人不能像别人那样顺利地表达内心的想法，从而尴尬退场或难堪不已。

那么，这种人由于对社交生活和群体的不适应而产生的心理恐惧或社交障碍，在心理学上叫"社交恐惧症"——它是阻碍人们正常交往的一大心理障碍。

据有关统计发现，平均每十个人中就有一个人为社交恐惧症所苦，并且，约有90%的人认为在公众面前发表演讲是一大恐惧。正如马克·富莱顿所说："人的内心隐藏有任何一点恐惧，都会使他受魔鬼的利用。"

可见，社交恐惧症对一个人的影响有多大。

阿华是重点大学毕业的研究生，在一家上市公司做营销策划。他在这家公司虽然是新人，但他的能力却让上司另眼相看。于是，平级的同事私下里常常向他请教一些新思路，他也乐于跟大家分享自己的创意。

就这样，平时他与同事聊得热火朝天，大家你一言我一语的，非常愉快，一些新的创意也不断地涌现了出来。

可是，有一个情况令阿华非常难堪，那就是每当看见上层领导时，他就会笨嘴拙舌地说不出话来。尤其是当着公司全体高层的面，一起讨论他的新策划方案时，他更是惶恐不安。

面对自己的新创意，他根本表达不清，仿佛有东西卡在嗓子眼里，怎么都掏不出来似的，整个人变得紧张，结巴。所以，从书面文字来看，明明是一个很深刻的创意，却让他说得七零八落，毫无意义可言。

正因如此，他的策划方案常常在关键地方由于表达不清，让展示自己的机会白白溜走了。这令他非常懊恼，情绪也越来越低落，参加公司会议的恐惧心理也越来越严重，自信心也在一次次的窘态中消耗殆尽。

可以说，当生命与安全受到威胁时，恐惧是人体第一本能反应。因此，许多人对着一两个熟悉的人或是能力等各方面都不如自己的人时，讲话会非常流畅，几乎什么话都敢说，并且还能说得头头是道。

可是，他们一旦到了公众场合，对着很多人或比自己强的人时，就会像变了个人似的，内心开始胆怯，犹豫，说话时张口结舌，唯唯诺诺，表现力极差，什么内容都表达不出来——甚至整个人都心慌，手颤，不知所措，过后却又后悔不已。

其实，这种精神状态便是典型的社交恐惧。

患有社交恐惧症的人，一到公众场合或遇到强势的人，就不敢发表自己的观点了。特别是女性，患上这种心理症状的人更多。并且，这类女性大都个性内敛、思想含蓄，常常不肯轻易地表达自己的感情，于是在工作或交往时往往羞怯难当、恐惧不安，从而严重地影响了正常的人际关系。

然而，她们本人以及家人或亲友，往往认为这是她们性格上的弱点，觉得她们天生害羞、不好意思，而不知道这是病态心理——这种心理使她们对自己以外的世界有着强烈的不安感和排斥感，进而影响了正常的社交。

有人说："恐惧是无知的影子，若抱有怀疑和恐惧的心理，势必会导致失败。"

是的，恐惧是一种不良情绪，它像怀疑一样，都是我们凭空想象出来的、对自己莫须有的威胁。它能摧残一个人的意志，还会破坏他的身体健康，减少他的生理与精神活力，使他心力交瘁，意志消沉，从而不能做好任何事。

心理学家调查研究发现，患有社交恐惧症的人群都有一些明显的特征——如果一个人表现出下列情况中的两个以上时，就可能患有恐惧症。

1. 小时候看到有人被刺伤，从此看到刀具等利物就害怕；

2. 乘坐公共汽车或地铁时，心情焦虑不安；

3. 患有"晕血症"，看到血液就精神紧张或恐惧；

4. "恐高"，乘坐飞机时总会担心坠机；

5. 对广场、商场等人群聚集的地方有莫名的畏惧感；

6. 在公共场合被人注意的时候，心里非常害怕；

7. 内心极度害怕与动物接触，担心染上疾病。

一般来说，有这些情况的女性比男性要多，因为女性大都胆小怕事，她们明知自己的恐惧不切实际，但往往不能自控。

心理专家认为，引起社交恐惧症的原因，可能与家庭背景及小时候受教育的方式有关，所以，社交恐惧症多发生于青少年时期或成年早期。

如果一个人从小性格就受到压抑，父母没有教会他们社交技能，或是从小受到很大的心理刺激等，都会为其以后的成长、交往埋下隐患。

由于他们的自我认识往往还不够客观、准确、全面、辩证等，于是在某一事物或情境面前，往往就会不由得引发内心的焦虑和恐惧。尤其是那些自尊心强而又心理脆弱的青少年，稍有点不良刺激就会引起心理上的"过敏反应"。

这时，他们如果得不到及时与合理的安慰、调适，就会使情况越来越严重，从而形成社交恐惧心理。

网络时代，虚拟的封闭式沟通越来越严重，年轻人尤其喜欢沉溺于网络社交活动中，使他们的社交领域越来越狭隘。这样下去，与真实社会中的人直接交流的社交技巧势必会更加弱化，从而使生活越来越闭塞——如此恶性循环，恐惧症状会日益严重。

有关专家认为，在众多的恐惧症类型中，社交恐惧症是对人危害最大的一种。所以，为了以后的生活与发展，一定要把积压在心头的恐惧情绪都消除掉，这样才能拥有快乐。

一只小黄鹂很会唱歌，它的声音清脆、悠扬，朋友们都非常喜欢听。可是，它却天生胆小，怕羞，往往一有人在旁边听它唱歌，它就不敢再唱下去了，但过后它又很后悔，觉得自己不应该害怕。

于是，它想治好自己怕羞的毛病，便去请教了许多"鸟大夫"——喜鹊、燕子、白头翁、布谷鸟、杜鹃、画眉等。

每个"鸟大夫"给它诊治时，都是先让它唱一支歌——这样，它只好开口鸣唱。后来，不等对方要求，它自己就会大声地唱起来。久而久之，它再也不怕羞了，不管在什么场合都能开口就唱。

其实，造成社交恐惧的原因是有一个极差的自我印象——是我们思想上的怕羞、自卑情绪所致。要克服社交恐惧症，就应该像小黄鹂一样——当众说得多了，习惯了，自然就不怕了。

此外，以下几点方法也可以帮到你：

一、建立起自信心

心理学家研究发现，社交恐惧症患者往往是严重的自卑者，他们总是把自己想得一无是处。所以，对他们来说，如果能正确地认识自

我，从而消除自卑、建立自信，学会接纳自我、接纳他人，情况便会逐渐好转。

二、改善性格，改变自己

害怕社交的人多半比较内向，所以在实际的社交过程中，应该尝试着主动与人交往，从而改善自己的性格，使自己变得开朗，豁达，乐观。平时，可以多参加一些有趣的集体活动，这样就能慢慢地化解内心的羞怯与恐惧感。

三、多与人沟通和交流

越是逃避现实，恐惧情绪就会越多。所以，不与人交往比被人嘲笑要可怕得多。因此，平时一定要多与身边的人交流和沟通——当你了解了他人，培养了情谊，内心的恐惧感也会随之消除。

6. 精神紧张：摆脱不能承受的生命之重

在当今的快节奏生活方式下，我们普遍都有一种紧迫感和危机感——如此一来，难免会出现焦虑情绪。

尤其是那些在职场上打拼的人，由于常常处于高度紧张的工作状态之中，加上作息不规律，使他们的心理负担过重，身体在不知不觉中出现了严重的亚健康。

由于他们的身体与精神等各方面的功能都处于不良的运行状态之中，大脑神经也如拉满弓弦蓄势待发的状态——经过长时间、超负荷的工作后，他们的心理状态也将受到严重的影响。

是的，不能承受的生命之重，必然会给我们的身心机能带来不良的影响——稍有不慎，后果便不堪设想。当身体机能和心理状态多处亮起"红灯"时，就会引发多种心理或身体疾病。

大森林里住着各种野生动物，不过，它们虽然同为野兽，但生活方式与习性却完全不同，有着天壤之别。

作为野生动物中的王者，狮子可谓森林里最强悍的肉食动物，在它的居住地附件，其他野生动物几乎都有可能成为被猎杀的对象。不过，要想成功地猎杀其他动物也不是一件轻而易举的事，因为每一种动物在被捕杀时都会拼命反抗。

于是，为了多获得一些"口粮"，狮子不得不让自己变得更强大。

狮子经常与其他动物发生激烈的厮杀，尤其是遇到像野牛、大象、狼等强大的对手时，每每都是浴血奋战，常常为此身负重伤。并且，狮子在平时休息的时候也要虎视眈眈地注意着四周，心里不敢有丝毫的松懈，以防备对手来攻击自己。

在这种你死我活、紧张而又充满血腥的生活之下，一只体格强壮的狮子也只能活十几年。

但是，生活在同一片森林里的大黑熊的生活方式，跟狮子却有着天壤之别——它不用整天为获取食物与其他动物角逐。因为，它天生性格温和，脾气憨厚，每天都过得逍遥自在。

大黑熊虽然身躯庞大，却不凶狠，对食物没有那么挑剔——从植物到动物，找到什么就吃什么，像青草、玉米棒、嫩芽、水果、甲虫、蚂蚁、鸟蛋等，统统都可以当作美食享用。

并且，饱腹之后，大黑熊就会找个舒服的地方美美地睡上一觉，或者与其他动物伙伴一起嬉戏玩耍。在这种轻松自在、快乐无比的生活状态下，它可以活三十年左右。

狮子与大黑熊的故事让我们明白：那种紧张的生活对一个人的精神与身体健康都是一种无形的伤害。长期的高负荷生活，带给我们的不是利益、不是幸福，而是对我们身心的伤害——这是我们身体机能早衰的罪魁祸首。

狮子虽然是勇猛的森林之王，但它的寿命还没有憨态可掬、"不求上进"的黑熊长久。可见，在长期激烈的竞争压力之下，所有物种都会产生紧张的情绪，这是导致精神崩溃的首要原因。

每年高考时都有考生"晕场"的新闻，他们之所以会这样，就是由于在备考时产生了过重的思想负担，使他们心里不敢有半分的松懈，并且还会过多地顾虑考试结果对自己以后的影响——这势必会造成过度的精神紧张，从而使他们的大脑不停地发出这样的思维信号："千万不要考砸了，否则，我这一辈子就完了！"

结果，由于过度紧张，他们的大脑思维活动受到阻碍，反而影响了正常的发挥，不但考不出好成绩，还可能会发生可怕的"晕场"。

有一项研究曾经抽查了日本三所大学的近千名学生，他们当中有36.25%的人存在不同程度的紧张心理障碍，其中约有4.35%的人企图自杀过，31.9%的人有过自杀念头——这与他们心理负荷过重、长期精神紧张有很大的关系。

作为大学生和有上进心的年轻人，他们面对着巨大的竞争压力，再加上理想与现实的反差过大——在紧张而又挫败的精神折磨之下，他们就会萌生自杀念头。

为了身体健康，我们应学会合理地调适紧张情绪——不要长期处于高强度的生活与工作之中，该放松时就放松。就像那些在运动场上经历了激烈比赛的运动员一样，他们都需要一段时间进行放松，以使自己的身心得以调养，恢复到最佳状态。否则，如果让他们一直处在激烈的比赛或者训练环境中，恐怕再强悍的人也会吃不消。

所以，劳逸结合才能调节身心，保证健康。

可以说，凡是看过"高空走索"表演的人，都能体会到那种心悬在嗓子眼里的感觉。那种情景令人提心吊胆，唯恐一步不慎，走索的人就会从高悬的绳索上坠落下来。

其实，面对这种大脑神经高度紧绷的时刻，最紧张的应该是表演者的亲人，而非表演者本人。假如本人每次对自己的高空表演都有所

担心，那么表演十有八九会发生意外。比如，世界级的"走索"表演者华伦达。

华伦达家族是世界知名的"空中飞人"杂技班，而华伦达本人则是一位世界级的走钢索专家。他说："我走钢索时从不想目的地，只想着走钢索这件事，诚心诚意地走好钢索，不管得失。"

就是这样从容的态度，加上非凡的实力，使华伦达每次的表演都非常成功。并且，多年来，他都是以这种坦然自若的心态来面对自己的走钢索生涯。

出乎意料的是，有一年，在波多黎各的一场重要表演中，华伦达竟然从75英尺的高空坠地而亡，时年73岁。为什么华伦达年轻气盛的时候表演绝技都能安然无恙，到了年老时却发生了意外呢？

原来，这与华伦达走钢索之前的心态有很大关系。据他的太太说，因为这次表演有媒体的大力渲染，关系到了华伦达家族的荣誉成败，所以，对于这次表演华伦达患得患失，非常担心结果。

华伦达在表演前不断地说："这次走索只许成功，不许失败。"然而，悲剧就是在这种紧张的精神状态下发生了。

所以说，过重的精神与行为负担会严重地伤害身心健康。对此，心理学家从"华伦达走索失败"事件中得到了这样一个令人深思的启示：当一个人只专心于某一事的过程本身，而不在意目的、结果或意义时，心态就会很好，这叫作"华伦达心态"。

人一旦经常处于高度紧张的精神状态，必然会给自己带来巨大的负面影响，从而发生事与愿违的结果。

所以，在终日忙碌、紧张不安的生活之中，我们要学会给自己放个假，给心理一片空闲地。

学会放松心情，及时地调适心情，这一点很重要。希望以下几种方法能帮到你：

一、春天去嗅嗅花香

在初春的午后，当你感觉到心情沉闷时，何不悄悄地逃出喧嚣的闹市，一个人去享受野外清闲的气息？——让微风抚弄你凌乱的发丝，让柔软的土壤去慰藉你奔波的双腿，让嫩绿的草坪缓解你视觉的疲惫……此刻，你的心情定会豁然开朗。

二、让精神保持松弛

心理医疗师说，松弛的情绪是克服紧张心理的关键，要想使自己变得轻松起来，平时就不要太关注自己，这样你就不会那么紧张——把自己的注意力集中到应该注意的人或事上时，就不会使自己常处于紧张状态。

三、夏夜去摘一片绿叶

在夏日的傍晚，劳累了一天后，可以走到一处绿荫下，一个人静静地伫立片刻，之后，伸手摘一片碧绿的树叶揣在手心里。在树影婆娑的月光下，感受大自然的静谧与清凉……

如此，白天的一切烦躁和不安就会悄悄地融化在这清爽的空气之中。

四、学会逢人就微笑

微笑象征着自信、友善、快乐和希望。所以，要让自己学会微笑，

它可以帮你摆脱生活的窘境，化解朋友间的误会，缓解心头的压力。微笑是最具魅力的武器，能帮你减少紧张与羞怯感。

五、秋季去享受秋雨的洗礼

在满目萧瑟的秋季里，带上所有的忧伤和烦恼，到野外去踩一踩凋零的花草与秋叶——如果你为这凄凉的情景难过不已，那就让你的眼泪尽情滑落吧。

再看看灰蒙蒙的天空，一副要下雨的样子，你有什么样的不满比这大自然的悲壮更强烈？当看到秋天的最后一片落叶在风雨中挣扎的时候，冰凉的秋雨是否可以冲刷掉你心中压抑的伤痛？

尽情地享受秋雨的洗礼吧，这可以让你的心情渐渐平静下来。

7. 妒忌：人生"错误的打开方式"

生活中，我们可能常常会听到这样的话：

"张峰什么都比我强，真是气死我了！"

"李斌这样显摆，明显想要压我一头，想起来都窝火啊！"

"今天的风头都叫小玲一个人抢完了，她怎么能这样做？"

类似的话真是数不胜数，它们充满了醋味，充满了火药味，更充满了不满、愤怒、怨恨等负面情绪。

而这种情绪，就是心理学上所说的"嫉妒心理"，也是俗话常说的"红眼病"。换句话说，这类人总是只看到别人比自己优秀的方面，从而产生不满或不服气的情绪。

培根说："嫉妒这恶魔总是在暗暗地、悄悄地毁掉人间的好东西。"是的，嫉妒是一种消极的负面情绪——不但会伤害他人，还会伤害自己，以及毁掉诸多美好的东西。

心理学家是这样定义"嫉妒"的：当一个人与他人做比较，发现自己不如他人时而产生的一些不满、羞愧、愤怒、怨恨等消极情绪。绝大多数人总是拿才能、名誉、地位或境遇等与他人做比较，当发现自己不如他人时就会心生嫉妒。

是的，嫉妒是一种带有报复与毁灭性的消极情绪，它能使人失去理智，进而做出一些不可思议的事情。特别是两性的情爱领域，"吃醋"一词充分地表明了它强烈的占有欲与可怕的排他性，更形象地说明了一个人嫉妒时的心理感受。

嫉妒是一种恶习，更是一种严重扭曲的心理现象，它能使人变得贪婪无度，丧失本性，甚至做出骨肉相残的事。

古往今来，在历史的长河中，有多少帝王将相、皇亲贵胄为争权夺势而不顾亲情、手足相残，又有多少志士名流、普通百姓为了金钱、名誉而不择手段、伤人害己。这些触目惊心的事件，无一不说明了嫉妒情绪的可怕与危害。

　　一天，两只苍鹰在天空中自由地飞翔，虽然它们结伴而行，但一只飞得又高又快，一只却飞得又低又慢。

　　原来，飞得又高又快的那只苍鹰，平时总是拼命地练习起飞，所以它不但身强体壮，而且羽翼丰满。

　　而飞得又低又慢的那只苍鹰，平时总喜欢睡懒觉，不但体格虚弱，羽毛也稀疏无光。所以，它的飞翔水平自然不行。但它的嫉妒心却很强，心里对那只飞得快的苍鹰非常不满，总在琢磨怎么将对方打压下去。

　　一天，它们在一棵大树上休息，突然碰到一个猎人经过。飞得高的苍鹰一见猎人来了，赶紧拍拍翅膀飞走了。而那只飞得慢的苍鹰不但没有马上飞走，反而飞到猎人身边，与猎人攀谈起来。

　　它说："亲爱的猎人，我知道你的射箭技术非常好，你能把那只飞得高的苍鹰射下来吗？"

　　"当然可以啦！不过，我需要几根长长的羽毛绑在箭上，那样，发箭才能又快又准。"猎人说。

　　"那好，我的羽毛可以给你几根。"这只苍鹰说完，马上就从自己的翅膀上扯下几根最长的羽毛交给了猎人。

　　猎人将羽毛绑在箭上射了出去，但是，由于那只苍鹰飞得太快太高，没有射中。

　　这只苍鹰并不甘心，又从自己的翅膀上扯下几根长羽毛交给猎人，可猎人仍然没有射中。

于是，这只一心想将对方置于死地的苍鹰不停地扯下自己的羽毛，交给猎人去射箭。最后，它身上那本来就稀疏的羽毛很快就被扯光了，可猎人始终没有射中那只飞得快的苍鹰。

这只苍鹰正想埋怨猎人技术差劲的时候，猎人却走过来，伸出大手要把它擒住。

苍鹰吓得赶紧逃走，但由于它没有了羽毛，失去了飞行能力，猎人不吹灰之力就把它擒住了。

"呜呜……都是嫉妒害了我！早知如此，我不如也将自己的飞翔能力练习得棒棒的！"这时，这只苍鹰后悔地说。

嫉妒既伤人，又害己——它多半从害人开始，以害己告终。

心理学家研究发现，嫉妒心强的人往往易致身心隐患。因为，嫉妒是一种沉重的压抑感，久而久之，就会引起一系列消极情绪，如忧愁、消沉、怀疑、痛苦、自卑等等。

当这些负面情绪引发不良的身心反应之后，就有可能导致身体的器官功能降低，从而严重损害人们的身心健康。

嫉妒是损害健康的一大罪魁祸首，而当当事者明白过来的时候，往往悔之晚矣。所以，与其到时候后悔莫及，不如早点控制、调整，将胸中的妒火扑灭在初始状态，让自己成为一个有雅量的人。

据说，心理学家施微博士小时候非常嫉妒她的表姐。她说："小时候，我生活在一个大家庭里。我有一个表姐比我年长两岁，在家里

她总能博得大家的宠爱。她长得比我漂亮，聪明伶俐，在弹琴、绘画等方面表现得也很优秀，因此她常常得到大家的赞美。

"相比之下，我简直就是个丑小鸭，不但人长得不够漂亮，而且做什么事也没有表姐做得好，所以从来没有人夸奖过我。这样一来，我心里对表姐就非常嫉妒。这种情况一直持续了好多年，直到长大后，我在自己身上发现了表姐所没有的优点：跳舞，她没有我跳得好；在说话口才、与人沟通方面，她也不如我好。

"从这以后，我对表姐的嫉妒开始慢慢地趋于平衡。再后来，我开始能赏识她的艺术能力了。因为，我发现了自己的能力与长处，所以就能欣赏她的优点而不再带有嫉妒的情绪。"

从故事中我们可以看出，自卑的人往往容易产生嫉妒心理——因为别人比自己优秀，从而嫉妒别人。不过，故事也告诉我们：要想化解嫉妒，就要善于发现自己的优点，发挥出自己的潜能——当自己表现得足够优秀时，对别人也就不会嫉妒了。

希望以下几点方法可以帮到你：

一、学会正确地评估自己

一个人如果不能正确地评估自己，就不能以客观的眼光去看待周围的事物，比如看到他人优秀或强过自己时，往往会不自觉地滋生嫉妒心理。所以，一个人要想克服嫉妒心，就要公正地评价自己。此外，这样也才能正确地认识他人。

二、开展人际交往

嫉妒心强的人往往都是井底之蛙，他们不但缺乏社交经验，并且社交范围还非常狭隘。只有开阔自己的交往范围，将自己投入到人际关系的海洋里，多与他人互动，多与他人合作，多了解他人，才能逐渐消除嫉妒心。

三、多向他人学习

不要经常去考虑他人是否超过了自己，更不要见不得他人比自己强，而要学会正确地对比——从他人的优秀中找出差距所在，然后努力地向他人学习，积极进取，从而使自己赶上或超过他人。

四、培养容人之量

那些可以容纳他人的人，往往不会有嫉妒心，因为他们不但善良、耿直，还具有宽广的胸怀——对他人的优秀才能，他们总是真诚地称赞，而不是心怀不满。由于他们具有容人之心，所以不会嫉妒他人比自己优秀。

五、学会调整视角

嫉妒是由不良的心理状态引起的，典型的表现往往是：看见别人打扮得漂亮，便不自觉地骂一句"臭美"；看见别人生活得比自己好，就气呼呼地来一句"瞎嘚瑟什么"。但是，这样做对他人丝毫无损，只会惹自己生闷气。

所以，嫉妒他人其实就是在惩罚自己。如果我们能调整一下视角，从另一个角度看问题，也许就会发现自己完全没必要去嫉妒他人。

六、不断地奋进

一个有奋斗目标的人，就不会为他人的成功而烦忧。所以，为了明天的成就，可以给自己定一个合理的目标，然后孜孜不倦地为实现目标而努力。这时，你就没有时间与心思再去嫉妒他人了，你也因此终将取得属于自己的成就。

七、改变"小心眼"

小心眼的人，很容易嫉妒他人。所以，要改变器量过小的缺点——只有胸襟开阔，做事不计较，善于以宽厚的态度待人处事，才能使自己从嫉妒心理中解脱出来。

8.自卑与超越：向与生俱来的心理顽症宣战

生活中，很多人总是觉得自己事事不如人，从而产生消极心理，并对自己做出不正确的自我评价。各种自卑意识可谓五花八门，比如："我天生就不如别人。""我真是太没用了。""我越来越笨了。""我要是长得再高一点就好了。""我的父母没地位。""我的家庭太穷了。""我学历太低了。""我太矮了。""我太黑了。""我的眼睛太小了。""我不够苗条。""我职务不高。"……

这类人总是相信或假定自己应该达到某种标准或尺度，从而有无数种充分的理由让自己自卑，并不自觉地深陷其中，轻视、怀疑自己的能力。

殊不知，一个人如果陷入了自卑的泥潭，就会给自己的心灵带来深深的伤害——如果你因为自卑而备感焦虑，就会让自己更加抑郁和自责。时间长了，你就会注意力分散，精力下降，从而导致不管做什么事都会一败涂地。

如此，就会形成一个恶性循环：失落—自卑—焦虑—注意力分散—精力下降—能力不足—失败。

所以，自卑是人生成功之大敌。

心理学家阿德勒出生在维也纳的一个商人家庭，他说，小时候他的情绪很消极，很不快乐。

原来，他天生就驼背，总觉得自己又矮又丑又笨。再加上他是家里的第三个孩子，每当看到活泼开朗的哥哥，他就自惭形秽。

虽然父母也非常疼爱他，但他就是开心不起来，总觉得自己不管怎么努力都赶不上哥哥。尤其是当全家人都快乐地唱歌、跳舞的时候，他就会感到无比悲伤，因为他无法像正常孩子那样唱唱跳跳。

在他五岁那年，这种情况更明显了。那一年他患了重病，虽然病魔没有夺取他的生命，却给他留下了更大的残疾——这让他受到很大的身心折磨，他的心情更加低落了。好在由于父母的关爱和教育，他

成长为一个心地善良并且有志气的孩子。

尽管命运对他如此不公，但他一直在努力进取。成年后，他决心要当一名心理医师，以帮助那些小时候像自己一样被自卑情绪折磨得痛苦不堪的孩子。

后来，阿德勒发表了一篇有关"由缺陷引起的自卑感及其补偿"的论文，而这个观点有力地确立了他"个人心理学"的研究地位。

他说，自己一定要帮助未成年孩子克服自卑带来的恐惧心理，告诉他们如何克服消极心理来摆脱伤害。

这使他声名大噪。从此，他便逐步发表了许多行之有效的心理学观点，受到了人们的关注与尊重。

一个人如果陷入自卑之中，就会变得情绪低沉、郁郁寡欢、缺乏自信、心灰意冷、优柔寡断，对生活、工作失去热情，甚至还会跟自己过不去，轻视自己。

可见，自卑感是最常见的对自我的否定。而且，自卑的人除了顾影自怜之外，还会因害怕别人看不起自己而不愿与人来往。所以，他们在人际交往中总是想将自己封闭起来。

他们孤独，也缺少朋友，总是沉迷在自卑的阴影中，对人生缺乏信心与激情，喜欢拿自己的弱点跟别人的优点比，认为他人都拥有很强的能力，而自己却什么事都做不好。

时间一长，他们就会越发自卑，甚至自我逃避——这无异于给自己戴上了无形的枷锁。

有人这样总结道："天下无人不自卑。无论圣人贤士、富豪王者，抑或是贫农寒士、贩夫走卒，在孩提时代的潜意识里都是充满自卑感的。"

可以说，一直以来，不论是贫穷还是富贵，人们都为自卑而深深苦恼，都有被自卑感折磨的痛苦体验。不过，大多数人都战胜了自卑，摆脱了心理阴影，并将它转化为一种前进的动力，从而创造出了属于自己的辉煌人生。

"由于身体缺陷或其他原因引起的心理自卑感，不仅能摧毁一个人，使人自甘堕落；另一方面，它还能使人发愤图强，力求振作，以补偿自己的弱点。"阿德勒如是说。

伊尔·布拉格是美国历史上第一位获得普利策奖的黑人记者，他之所以能获此殊荣，与他童年经历过的两件事有莫大的关系。

对布拉格来说，他的童年犹如被蒙上了一层厚厚的灰尘——因为家境贫寒，他感到非常自卑。而且，由于肤色问题，他更羡慕那些白人，他甚至还产生过一个非常可怕的念头：我是一个地位卑微的黑人，可能一生中都不会取得什么成就。

古语说"知子莫若父"。父亲洞悉了布拉格的心理，觉得如果让他继续这样下去，他可能真的会一事无成。

于是，父亲拿出家里为数不多的财产，带布拉格完成了两次旅行。

第一次，他们来到了荷兰，参观了伟大的画家梵高的故居。

当布拉格看到那张嘎吱作响的床板和一双鞋面龟裂的皮鞋时，他

感到十分困惑：像梵高这样伟大的画家，难道会穷得买不起一双新皮鞋吗？

"是的，孩子。虽然梵高是世界上很伟大的画家，但同时他也跟我们一样——他是一个很穷的人，甚至穷到没有哪个姑娘愿意嫁给他。"父亲的回答犹如黑夜里升起的一轮明月，照亮了布拉格前进方向的路。

第二次旅行的目的地是丹麦。在那里，布拉格参观了安徒生的故居——一栋破旧不堪、空间逼仄的阁楼。布拉格很困惑：安徒生在童话里描绘的都是金碧辉煌的皇宫，可他自己住的房子怎么会这么破旧呢？

"事实上，安徒生与你有着同样的经历——他家也很贫穷，他就是在这栋破房子里让自己变得更强大的。"

这两次旅行让布拉格醍醐灌顶，他明白了父亲的良苦用心，更明白了自己不应该妄自菲薄——因为，一个人能否取得成功，与他是否贫穷没有关系。从此以后，布拉格再也没有因为贫穷而自卑过。

"天生我材必有用"，即使是地位卑微的人，也有可能变得了不起！我们一定要相信自己的能力，相信我们可以改写自己的命运。

要知道，每个人都有潜在的能力，都有存在的价值，都有可能创造奇迹。而且，每个人都有缺点和不足——能力再强的人也有无法完成的事，所以，我们完全没必要轻视自己。

我们一定要认清自己，并充满自信，学会换个角度看待周围的世界和自己的困境。当我们建立了自信，克服了自卑，许多难题就会迎刃而解。"不经历风雨，怎么见彩虹？"不勇敢一点，怎么战胜困境？

当我们自信地面对生活时，就会发现一个不一样的自己。以下几点方法可以帮到你：

一、让自己有所期盼

当你觉得心灰意冷的时候，就要想办法去改变现状——不要让这种心情继续发展下去。你可以给自己一个美好的期待，以改变当下颓废的生活态度，比如计划一场说走就走的旅行。

当你抛开烦恼去做一件自己喜欢的事时，你就会自信、快乐起来。当你想到自己的人生还有可期盼的事时，自卑感就会大大地减轻，从而再次脚踏实地地去开创未来。

二、不妨大哭一场

流泪是伤心的表现，特别是痛哭，更是悲伤情感的发泄。所以，当你感到万分痛苦的时候，当你感到走投无路的时候——尤其自认为一无是处的时候，不妨大哭一场，将心中所有的不快与压抑都哭出来，这样心情就会舒畅许多。

三、有了小成就，奖励一下自己

当你感到沮丧、失落时，往往什么事都不想做，甚至连一件小事也做不好。此时，就要学会自我奖励。

比如，当自己打扫了一遍房间、洗完衣服时，不妨把这视为小成就，以此来奖励一下自己。具体地说，你可以给自己买些好吃的，或买一件漂亮的衣服，因为这样做，可以激励自己变得积极起来。

四、融入群体中

当你习惯了离群索居，就很可能养成消极的心理——你会因为自卑不敢轻易地加入到团体活动中。

想要改变这一现状，平时就要有意识地多参与集体活动，在交往中学习与别人相处的方法，让自己从良好的人际关系中得到激励。久而久之，就可以消除因为孤僻而产生的自卑感了。

五、多培养一些兴趣爱好

多培养一些兴趣爱好，以此来充实自己的生活，也是消除自卑感的好方法，比如学打羽毛球、绘画、练瑜伽、跳广场舞等。当你有了自己的兴趣爱好，就会变得自信满满，就会收获更多的快乐。

第六章

自信心：积极情绪的力量

1. 你的快乐情绪源于自己的内心充满了爱

快乐是一种态度，也是一种生活方式。快乐不仅能使人心情愉快，也能使人身体更加健康，所以人人都向往快乐的生活。

但是，一个人快不快乐，不在于他的生活本身是否能给他自己带来快乐，而关键在于他有没有一颗同情与关爱他人的心，内心是不是充满了爱——也就是说，心里是否装着他人。

一个冬天的晚上，有一家人正准备吃晚饭。突然，门外传来一阵响动，似乎有人在敲门。

"你去看看外面是不是有人。"正在准备碗筷的丈夫对妻子说。

"嗯，好的。"妻子快步走到门前，开了门。

"哦，你们……你们一定饿坏了吧，快进来吃点东西。"妻子看到三位白发苍苍的老人站在大门外，虽然素不相识，但她还是很热情地招呼他们来家做客。

老人有点犹豫，其中一位说："你真是个好人，可男主人会同意吗？你还是先去征求一下他的意见吧。"

妻子回到屋里，将门外三位老人的事告诉了丈夫。

"哎呀，天这么晚了，他们怕是会冻坏的。你快去请他们进来吧！"丈夫说。

于是，妻子又赶快出来，邀请三位老人进屋。

"可是，我们是不能一同进去的。"一位老人说。

"为什么不能呀？"妻子感到很疑惑。

"因为我们只能进去一个人。"另一位老人回答。

"这是为什么？"妻子仍然疑惑不解。

"我们一个叫成功，一个叫财富，一个叫爱。由于一个家庭不可能得到世上所有的好东西，所以，我们三个中只有一个人能进去。你再去跟你的丈夫商量一下，看他愿意让我们哪一个进去。"老人回答。

当丈夫听了妻子的话后，惊喜万分，他立刻说："那我们赶快邀请财富老人进来吧！"

"亲爱的，为什么不邀请成功呢？"妻子问。

"哦，那我们再商量一下……"他的话还没说完，坐在一旁的女儿说道："为什么不邀请爱呢？我想，一家人相亲相爱不是更好吗？所以，邀请爱进来才是最好的。"

"哦，女儿说得很对，那就赶快邀请叫'爱'的老人进来吧！"丈夫对妻子说。

"我们商量过了，想邀请叫'爱'的老人来家里！"妻子又一次走出门外对老人说。

"哦，好吧。我就是叫'爱'的老人，我跟你进去。"其中一位老人说。

但是，当这位叫"爱"的老人朝屋里走去的时候，另外两位老人也跟着他一同走了进去。

"咦，你们这是怎么了？刚才我们邀请三位一起进来时，你们说不能一同进来。现在，我们只是邀请了叫'爱'的老人，你们二位怎么又愿意进来了呢？"丈夫与妻子很是不解，一起问道。

"哦，难道你们不知道吗？哪里有爱，哪里就会有成功和财富呀！"三位老人一起答道。

当我们内心充满爱时，眼前就会一片明亮——无论我们期望的是什么，财富和成功会永远跟随我们。当我们内心充满爱时，我们就会获得快乐，健康就会常在，幸福就会长存。

2. 在亲密关系中成长：学会感恩，收获幸福

生活中，我们经常会听到很多人说类似这样的话："我一点也不

快乐。""我不知道什么叫幸福。""我活得太没意思了。"这些人只知道生活不如意，殊不知，造成这种现状的第一大原因是他们不懂得感恩。

古人说："滴水之恩，当涌泉相报。"我们要懂得感恩，要怀有一颗感恩之心，感激世界赐予我们的一切。

平时，我们学会感恩他人，他人才能给予我们快乐；感恩生活，生活才会将灿烂的阳光赐予我们。只有懂得感恩，我们才能得到更多的幸福。

如果你只知道索取，却不知道回报，就会成为一个忘恩负义的人。这样的人，心中没有关爱，自然也体会不到幸福和快乐。因此，生活在感恩之中，才是真正的幸福美满。

有这样一个童话故事：很久以前，美国有一个聪明活泼的男孩子，他平时喜欢登山和踢球，也喜欢赛车、听音乐，整天都非常快乐。可以说，他的生活无比幸福。

一天，男孩子坐在院子里仰望天空，对上帝说："你知道吗？我想了很久，我终于知道自己的梦想是什么了。"

"你的梦想是什么，可以告诉我吗？"上帝问。

"我想要住在一座特别大的院子里，里面有一个花园和一个游泳池。我要跟一位身材修长、皮肤白皙的女孩子结婚，她不但长着金黄色的卷发、蓝水晶般的眼睛，有着悦耳的声音，而且温柔似水。此外，她还得跟我有一样的兴趣爱好。

"我们在这座漂亮的院子里过着最幸福的生活，还会生三个喜欢游泳的儿子。他们长大后，老大从政当州长，老二成为发明家，老三会做一名冒险家，在登山与航海的途中救助他人。我还想要一辆蓝色的玛莎拉蒂跑车，经常拉着一家五口去旅行。"

这时，男孩子的脸上浮现出幸福的笑容。

"哦，你的梦想听起来非常美妙，我一定会帮助你实现它。"上帝说。

"谢谢！我一定要实现它，希望您能见证我的幸福！"男孩子虔诚地说。

后来，男孩子每天都会为实现梦想而去努力。一天，他独自一人去攀登一座险峰，他是想多总结些冒险的经验，以便将来传授给儿子。突然，他不小心踩空了，从山坡上滚了下来。幸好山坡下的一块大石头挡住了他，救了他一命，但他还是摔断了一条腿。

从此，男孩子再也不能登山、踢球了，更别说去实现美妙的梦想了。于是，他只好去学经营管理，毕业后自己开了一家小公司，出售一些医疗设备，倒也生活无忧。

之后，他跟一个女孩子结了婚。但新娘没有金黄色的卷发，而是长着一头褐色的长发；她没有修长的身材，眼睛也不是蓝色的，而且皮肤是褐黑色的；她不懂音乐，不会弹琴，但她却做得一手好菜，并且性格温柔，对他也很好。

因为做生意，他只好住在市中心。他没有曾经梦想拥有的大院子——里面也没有花园和游泳池，更没有蓝色玛莎拉蒂跑车，只有一辆轻便的小型拉货车。

不过，在闹市附近的大厦里，他有一套属于自己的房子。站在房子的阳台上，白天和夜晚分别可以看到远处蔚蓝的大海和闪烁的灯光。这似乎成了最接近他梦想的地方，所以，他经常会站在这里眺望。

后来，他有了三个孩子，不过全都是女孩。而且，三个女儿长大后没有一人做了州长，也没有谁成为发明家，更没有谁是冒险家。因为，她们都不喜欢这些行业，甚至根本没有这方面的天赋。

但是，三个女儿都非常爱她们的父亲。虽然她们没有像父亲预期的那样去生活，但她们一有时间就陪着父母去附近的公园里散心，或到郊外欣赏大自然的美景。这时，他最小的女儿总会坐在他旁边给他弹吉他，唱悦耳动听的歌曲。

总之，时间一天天地过去了，他也不再年轻，日子还算富足而舒适。

不过，在他的心里始终有一个解不开的心结——上帝没有帮助他实现自己的梦想。很多时候，一想到这事，他就认为现在的一切是上帝跟他开的一个恶意的玩笑，这令他的心情越来越糟糕。

他整天郁郁寡欢，终于被消极情绪打败了，生了一场病并住进了医院。他在医院里住了好多天，病情一点也不见好转。

一天夜里，他梦见了上帝，就非常生气地质问道："你终于来看我了！你还记得我小时候对你讲过的梦想吗？"

"记得呀，那是个非常美妙的梦想呢。"上帝说。

"那你为什么不让它实现？你说过会帮助我的！"他问。

"我帮助了你呀，你早已经实现了这些。并且，在我帮助你的时候，我想让你惊喜一下，还给了一些你没有想到的'礼物'：一份稳定的工作，一处舒适的住所，一位温柔的妻子，三个可爱的女儿。"上帝说。

"这些我是拥有了，但我希望你能将我最想要的东西给我，你难道不明白吗？"他很不高兴地问。

"哦，我也以为你会把我真正希望得到的东西给我，难道你不明白吗？"上帝反问。

"不会吧？你希望得到什么？"他惊讶地问，因为他从来没想到上帝也会想要得到自己希望得到的东西。

"我希望你能因为我给你的东西而幸福，从而让我感受到帮助别人的快乐。"上帝说。

"哦……"他无语了，似乎不明白上帝的意思，过了一会儿，又似乎明白了什么。

就这样，他在黑暗中静静地想了一夜。天亮时，他终于想明白了，他决定开始一个新的梦想——他要让自己梦想的东西恰恰就是现在拥有的东西。

想通了这些，于是，他很快就康复出院了。

此后，他就一直快乐地住在自己的公寓里，看着女儿们天真的笑容，听着她们悦耳的歌声，感受着妻子那深褐色的眼睛不断向他投来的爱意。晚上，注视着远方的大海，看着不断闪烁的灯光，他终于心满意足地感到了无比的幸福……

我们容得下世界，世界才会接纳我们。

其实，每个人都拥有快乐——它就是"现在"。我们感恩上帝，上帝才会把幸福送给我们。所以，乐观的人会把自己拥有的一切看作是上帝的恩赐，从而怀着感恩的心去享受生活，收获幸福。

不知感恩，说句不好听的话，就是不知好歹，这样的人永远都不会快乐。

"羊有跪乳之恩，鸦有反哺之义。"每个人都要懂得感恩，尤其是对每天照顾自己的人。如果你认为他人对你的爱和关怀是理所应当的，那么你也不会收获幸福。所以，我们应该感恩父母、师长、朋友等所有为我们付出的人。

不要觉得他人对你好是理所当然，甚至有时还嫌烦。其实，别人对你的每一次帮助都是上帝对你的恩惠，都是爱的表现。

所以，我们一定要感恩帮助过自己的人，感恩社会为我们提供的一切便利。因为，怀抱一颗感恩的心，犹如在漆黑的人生旅途中点燃了一盏明灯，可以为我们照亮前进的路。

小维今年上小学五年级，这个周末，由于妈妈没做他喜欢吃的早饭，他就气得跟妈妈大吵了一架，并且夺门而出。走在大街上，他心里暗暗发誓：以后再也不回那个令人讨厌的家了！

小维一上午都在闲逛，不知不觉就到了中午。他早上一口饭都没吃，现在肚子饿得咕噜咕噜地叫。这是他第一次感受到饥饿的滋味，

可偏偏跑出家的时候又没带钱——想起早上跟妈妈吵了架，他又不想回家吃饭。

就这样，又过了好一阵子，他终于饿得受不了了，于是来到一家小面馆。刚一进门，他就闻到了阵阵饭菜的香味。他真想吃一碗面啊，可身上没带钱，只好干瞪眼。

"小朋友，你是不是饿了？要不要吃面啊？"面馆老板过来亲切地问他。

"嗯！我非常想吃，可是……我没带钱啊！"小维不好意思地回答。

"没关系。看样子，你也不是坏孩子，今天我就请你吃碗面吧！"老板笑着说。

随后，老板便给小维端来了一碗热气腾腾的面。他简直不敢相信这是真的，立即狼吞虎咽地吃了起来。吃了两口后，他非常感激地对老板说："叔叔，要不是你，我今天肯定要饿坏了，你真是个大好人！"

"哦，是吗？给你一碗面吃，我就是好人啦？哈哈……"老板大笑着说。

"是啊！你跟我素不相识，还对我这么好——完全不像我妈，一点也不管我喜欢吃什么，还严厉地责骂我，真是气死我了。"小维边吃边说。

"哈哈，小朋友，这话你可就说错了。我只不过给了你一碗面吃，你就这么感激我——你妈妈每天都给你洗衣、做饭，那你不是更应该感激她吗？"老板开始谆谆教导小维。

"哦？啊……那，那我得马上回家了！"听了老板的话，小维张大了嘴巴，这时，他才明白自己最应该感激的人是妈妈。他的眼泪顿时夺眶而出，顾不得吃完剩下的半碗面，立刻向家里跑去。

走到小区门前的大街上，他远远地就看见妈妈在焦急地四处张望。这时，他的喉咙一阵哽咽，立刻奔了过去。

"哎呀，你终于回来了，都快急死妈妈了！你一定饿坏了吧，快回家吃饭，我早就做好了等着你呢。"妈妈万分心疼地说。

这时，小维才深刻地体会到妈妈对他的爱。在心里，他一千遍一万遍地对妈妈说着："对不起！"

生活中缺少的不是美，而是发现美的心。就像当太阳一直都在的时候，人们就忘了它的光亮。

生活也是如此。很多时候，我们都在接受他人的好，但忘了感激他人的好。尤其是当亲人一直都在身边照顾我们时，我们就会忘了他们所给的温暖，认为他们的给予是理所当然，从而不去感恩——稍不如意，还会抱怨连连。

人生不光需要一双敏锐的眼睛，更需要一颗充满爱的心。用感恩的心去打量世间万物，生活才会变得恬静而柔和，我们才能体味到藏在生活细微处的幸福，才能感悟到时光都值得去珍惜。

感恩能净化心灵，增长智慧。其实，感恩不但是一种生活态度，还是一种品行、处世哲学、思想境界。学会感恩，也就学会了生活——因为感恩是一种认同，又是一种回报。

鱼儿要感恩海洋，因为海洋是哺育它的摇篮；花儿要感恩阳光雨

露，因为阳光雨露是滋润它的必需品。所以，人只有怀揣感恩的心，才能收获别样的人生，才能领悟到幸福的真谛！

3.宽容心：脱离种种不良情绪的妙方

生活中令人烦恼的事时有发生，与人交往时，我们也难免会与他人产生误会、摩擦。在这个世界上，虽然我们各走各的路，但不管你愿不愿意，都会碰到麻烦事，并且让你猝不及防，无处躲避。

有时候，即使是心地善良的人也躲不过他人的伤害，甚至也可能会伤害到他人。当我们被人诬陷、指责、谩骂、羞辱时，心灵深处必然会遭受严重的打击——我们会感到委屈、难过、悲愤欲绝，甚至还会影响我们的正常生活。

尽管如此，我们依然要抱以宽容之心——因为，以恶治恶并不是惩恶扬善，而是对邪恶的姑息养奸；以牙还牙也不是自强，而是将自己推向毁灭的边缘。

一支国家探险队在荒漠中连续跋涉了几天后，在一天夜里又遭遇了沙尘暴——这次灾难将大家冲得七零八散，有两名探险员被风暴吹到了同一个地方，但是也与队伍失去了联系。

这两名探险员在荒漠中艰难地行走着，虽然恶劣的环境随时可能危及他们的生命安全，但还好两个人在一起可以互相鼓励、互相安慰。可是，这片荒漠实在太大了，他们走了一个多星期仍然没走出来。

可怕的是，所剩的干粮和水只够一个人勉强维持一天了，这令他们更加惶恐。

然而，当天夜里就出事了。由于白天走得很累，他们很快就睡着了——不承想，到了半夜遇到了"歹徒"。其中，一个人在睡梦中感觉自己的头被重物用力敲击了一下，然后便不省人事了。

天亮的时候，他终于苏醒过来，却发现伙伴抱着他痛哭不止——还告诉他，他们在昨天晚上被坏人袭击了。奇怪的是，伙伴这一整天都不敢直视他，精神也有些恍惚，嘴里一直念叨着自己的母亲。

就这样，他们以为再也熬不过这一关，马上就要永远与亲人告别了。只不过，尽管他们饥饿难忍，但谁也没动那仅剩的一点干粮和水。

到了第二天，就在他们等待死神降临的时候，探险队终于找到了他们，并将他们平安地带出了荒漠。

就这样，时间一晃而过。二十年后，当初那位受伤的探险员说："当年在荒漠里半夜袭击我的人，就是我的伙伴。

"如果当时真有歹徒，不可能只袭击我一个人，更不可能什么都不抢。我知道，他袭击我是想独吞剩下的干粮和水，但他最后还是良心发现，放弃了计划。我知道，他当时不停地念叨着母亲，是因为他

强烈地牵挂她。

"但无论如何，我在第二天就宽容了他。并且，在此后的这么多年里，我都假装根本不知道此事——也从未向任何人提起，跟他还像好朋友一样地相处着。他母亲去世的时候，我还跟他一起去祭奠了老人。

"那天，他突然跪在我面前，请求我一定要原谅他。我点了点头，没让他说下去。就这样，我们又做了十几年的好朋友。"

有人说："如果一个人要打你的左脸，你把右脸也伸出去让他打；如果一个人要你的外衣，你把内衣也脱给他。"

当你宽容他人的时候，或许可以挽回损失。要知道，宽容是一剂医治仇恨的良药，它可以产生奇迹，让我们脱离各种烦恼而获得快乐。

是的，一个人只有多一点宽容，才能根除报复的心理——唯有以德报怨，把伤害留给自己去处理，才能让世界少一些仇恨，少一些不幸，如此才能生活得愉快。

要知道，在我们拥有仇恨情绪时，心灵就会背上报复的重担——这非但解决不了问题，还会使仇恨越来越大，让心灵无法自由。

所以，我们一定要时刻记着"伤人即伤己"这句话，做到能容人处且容人。当你怀有一颗宽容之心，就不会产生报复的念头，你的心灵就不会留下丑陋的"疤痕"，你最终将获得平静。

明朝有个叫杨翥的官员，他不但做官清廉，还是个胸怀博大的容人之士，以过人的仁德雅量被写进了史书。《寓圃杂记》中记述了杨翥的几件感人小事：

有一天，邻居家丢了一只鸡，于是在街坊面前指桑骂槐，说是鸡被姓杨的偷去了——意思很明显，就是在骂杨翥是偷鸡贼。

杨翥的家人听说后，就将这事告诉了杨翥，想让他去找邻居评理，指责邻居诬陷好人。可杨翥却说："天下又不止我们一家姓杨，随他骂去。"可见，杨翥的胸襟多么宽广。

还有个邻居非常自私，每遇到下大雨的时候，便将自家院子里的积水全都排放进杨翥的家里，每每都害得杨翥家积水很深——家中房屋及物品都深受脏污、潮湿之苦。

这时，家人又向杨翥诉苦，希望他能摆平此事。可是，他却劝解家人道："世上总是晴天多，雨天少。"

平时，杨翥上朝理事的时候都是骑驴代步，所以他非常喜爱自己的驴子。每天下朝回家，他都会亲自为驴子擦洗，梳理一番，给它喂上等饲料，做这些活既不嫌脏也不嫌累。

虽然家人多次劝阻杨翥，说这活儿应该让下人去做，但他仍然我行我素，每每都亲力亲为。而且，他还把驴子喂养在自己住房的旁边，每天半夜总要起床看一两次，或添加些水与草料，生怕它受到什么委屈。

可是，有一段时间，杨翥的邻居——一位快六十岁的老汉又生了个儿子。年过半百得子，全家人自然是加倍疼爱。但是，这个婴孩很害怕杨翥家驴子的叫声，一听到它的叫声就会哭个不停。这样一来，

由于吃饭、睡觉都明显地不稳定，婴孩的身体也越来越差——家人都为他的健康担心着。

不过，由于杨翥是当朝大官，地位显贵，所以这家人也不敢跟杨翥说这件事，更不敢让他将自己的宝贝驴子处理掉。可是，眼看着孩子的身体状况一天不如一天，这家人着实伤透了脑筋。

最后，邻居还是硬着头皮把这件事跟杨翥说了。杨翥听后，二话没说，就忍痛割爱立即把自己的宝贝驴子卖掉了。从此，他外出或上朝都是步行。

就这样，杨翥一直采用宽容的态度与邻居们相处，和睦友善地对待大家，久而久之，大家也都为杨翥宽容的胸怀感动了。有一年，一伙强盗密谋抢走杨翥的财物，邻居们听说后，都自主来到杨家帮忙守夜防贼，这才让杨家免去了一场灾祸。

有话说："大肚能容，容天下难容之事；开口便笑，笑天下可笑之人。"一个人选择一次宽容，就会打开一道爱的大门。

杨翥的故事让我们明白了一个道理：懂得宽容的人，能够过得更加幸福，因为宽容可以将争执、报复以及阴谋等消除，使生活回归温馨、友善与祥和。而且，我们宽容别人，别人才会宽容我们。

与人交往，我们难免会发生碰撞。当我们被他人不讲理的行为气得咬牙切齿时，只要能多一份容人之心，忍一忍，就能防止出现鲁莽的举动。控制住冲动的情绪性行为，就能避免争吵与冲突，即使之前有过节，也会让双方化干戈为玉帛。

其实，宽容不是胆小、怯懦，而是一种关怀与体谅，更是一种品格与智慧——它是建立人与人之间良好关系的法宝。

生活中，有许多事我们要当忍则忍，能让则让——忍让可以化解仇恨。面对他人的偏激行为，每当愤懑之余，我们也要将心比心地先想想——自己是否也曾做过对不起别人的事，再想想别人这么做可能事出有因，等等。

寻找理由平衡自己的心理，再去说服自己，通过一些心平气和的自问，我们就算有再多的不忿，或许也会平静下来，从而化解心中的仇恨，原谅他人。这可以减少许多消极情绪的产生，那么也就谈不上仇恨或报复了。

宽容是一种崇高的境界，是一种力量，是一种享受。一个懂得宽容的人，往往能做到得饶人处且饶人，对事不耿耿于怀，因为他们拥有海纳百川的雅量。

所以，一个懂得宽容的人才能活得安然自若，才能拥有更美好的人生。

4. 爱心：做一名灵魂摆渡人

"爱出者爱返，福往者福来。"是的，爱是太阳，能够给予所有人以温暖。当我们对他人付出关爱的时候，也会得到他人的关爱。这种行为便是爱心的传递。

我们接受一次帮助，绽放一丝笑容，能使世界因为爱而更加美好。当我们用坦诚的爱心无私地帮助他人时，他人也会让我们得到一份温暖。

所以，我们一定要感恩别人的帮助，也要学会帮助别人。平时，要多设身处地地为他人着想——多为他人做点事，从而让爱心传递下去。其实，帮助他人就是帮助自己，温暖他人的同时也会温暖自己。

二战时期，在纳粹德国的集中营里，有一个孤独的男孩子。每天午后，他都会从铁栏杆边沿向外面无助地张望，好像在期望着有什么奇迹出现。

有一天，一个女孩子从集中营里经过。当看到男孩子那期望而无助的眼神时，女孩子被吸引住了。为了表达自己的情感，她便将手里的红苹果轻轻地扔进了铁栏杆。看得出，她希望自己的出现同样能吸引男孩子的目光。

男孩子想都没想，立即弯腰拾起了那个红苹果。这时，他仿佛感到有一道温暖的光照进了自己冰冷的心田。在他的眼里，这个红苹果就是生命、爱情、希望和美好的象征。

第二天午后，男孩子又到铁栏杆边张望，希望能再次见到那个女孩子——可以想象，那种心情是多么殷切。尽管他心里不住地嘀咕，为自己的想法感到荒谬和不可思议，但他还是凭栏而望，企盼她能再次出现。

终于，女孩子姗姗而来，像一道绚烂的彩虹出现在他面前，她手里仍然拿着一个红苹果。其实，她也渴望能再次见到那个不幸的、令她心醉的身影。

在接下来的几天里，这种动人的情景总会在午后出现。在那道铁栏杆内外，两颗年轻的心天天都盼着重逢。

有一天，气温骤降，雪花纷飞，寒风凛冽。男孩子和女孩子仍然如期相约，他们分别在铁栏杆的两侧，通过一个红苹果传递着各自的脉脉温情与融融暖意。每次相聚即使只是片刻，即使只有几句简单的话语，两人也觉得爱意无限。

然而，在一天午后又会面时，男孩子的心情非常沉重。当女孩子心疼地问他原因时，他哽咽着说："明天，他们就要把我转到另一座集中营去了，你……以后就不用再来了。谢谢你这段时间来看望我。"

男孩子说完转身而去，他忍着泪水，不敢回头再看一眼。

就这样，男孩子被迫离开后，两个人再也没见过面。而另一座集中营带给男孩子的生活，则更加不堪。

不过，每当痛苦来临，女孩子那纤纤的身影和恬静的脸庞就会浮现在他的脑海中，带给他温暖与希望。她的明眸，她的关怀，她的声音，她的脉脉温情，她的红苹果……这些都在漫漫长夜给他带来了安慰，带来了温暖。

战争持续了好几年，男孩子的家人，包括他的亲朋好友也都离开了人世。但他并没有绝望地选择轻生，而是坚强地活了下来。因为，女孩子那天使般的笑容一直留在他的心底，时刻给予他生的希望。

十几年过去了，某天，一位男士和一位女士在办理移民手续时无意中坐到了一起。

"你也要移民吗？战争时你在什么地方？"女士问道。她的声音柔柔的，让人觉得很舒服，而且像在哪里听过似的。

"是的，我是幸存者，我要移回自己的国家。那时，我被关在德国的一座集中营里。"男士神态安详，淡淡地答道。

"哦？你在哪座集中营？那时我曾向一位被关在德国集中营里的男孩子递过苹果呢。"女士一边回忆一边说。

"啊？你说的是真的吗？那个男孩子当时是不是曾对你说过，让你第二天不用再来了，他将被转移到另一座集中营去？"男士猛吃一惊，马上问道。

"啊！你是怎么知道的？"女士更加吃惊地反问。

"因为……那个男孩子就是我啊！"男士盯着女士的双眼，激动地说。

"哦……"女士也是好一阵激动。

"从那时起，我就再也不想失去你了。你……愿意嫁给我吗？"男士问道。

"我愿意。"女士说。

这两个彼此牵挂了多年的有情人，终于紧紧地拥抱在一起。

一晃几十年又过去了。

这一年的情人节，著名电视主持人奥普拉在一档向全美播出的节目中讲述了这个忠贞不渝的爱情故事。而在现场，男主人公还向妻子表达了 40 年来的挚爱之情。

他说："当年在纳粹集中营，你的爱融化了我那颗曾经冰冷而绝望的心，使我重获了新生力量的滋养。这些年来，你的爱温暖了我每一天的生活，我现在仍如饥似渴地期盼你的爱能够伴我到永远……"

在那个寒风凛冽的冬天，红苹果不仅陪他们度过了人生最为艰苦的一段历程，也传递了世间最纯真的爱与最美好的向往，给予了他们生存下去的勇气和期望，从而使他们收获了幸福的一生。

这个世界因为有爱才更加美好。

生活中总有一些人、一些事感动着我们，给予我们希望和温暖。所以，当我们踏上漫长的人生之旅时，不要忘了即使身在苦难中也需要奉献爱心，因为我们的一点关怀可能就是他人绝望时的救命稻草；

我们的举手之劳，可能就是为他人雪中送炭。

这样的真情与关爱不但能帮助他人，也能为我们打开通向快乐、幸福的大门。当我们在生活的道路上跋涉的时候，就会有一双双温暖的眼睛凝视着我们——用爱心为我们祝福，祈祷。

一只小蚂蚁来到河边喝水，一不小心被水流冲走了。它拼命地在水里挣扎，但由于它力气太小，根本游不到河对岸。就在这时，在河里玩耍的天鹅发现了它，赶紧衔起一片树叶放到小蚂蚁身边，这才把它救出了险境。

这一天，小蚂蚁静静地在草地上晒太阳。突然，它听到了人走路的声音。回头一看，只见一个猎人正端着猎枪，小心翼翼地瞄准了对面。小蚂蚁顺着猎人的目光看过去，发现猎物正是自己的救命恩人——天鹅！

"这可怎么办？绝不能让猎人杀死天鹅！"小蚂蚁惊呼一声，急中生智地赶紧爬到猎人脚上，狠狠地咬他。

猎人感觉脚面痒，忍不住伸手去挠——这个动作引起了天鹅的惊觉，它赶紧拍拍翅膀飞走了。

这样，小蚂蚁帮助天鹅避免了一次劫难。

可见，当我们对他人伸出援助之手——即使是举手之劳，也可以为他人带来温暖和快乐。有时候，虽然我们不知道帮助自己的人是谁，但他们的爱心却给予了我们永存的光明。

著名心理学家杰丝·雷尔说："称赞对温暖人类的灵魂而言，就像阳光一样，没有它，我们就无法成长开花。但是我们大多数人，只是敏于保护自己，却吝于把助人的温暖阳光给予别人。"

所以，在生活中，我们不要吝啬自己的爱心与力量——哪怕只是举手之劳，也不要回避，而要多奉献自己的力量，做自己力所能及的事，让爱温暖世界的每一个角落。如此，你会收获许多意想不到的快乐，从而享受到人间的温暖，而不再感到孤独和寂寞。

5. 热情：成功之路上的助推器

有人说："最惨的破产就是丧失了自己的热情。"是的，一个人如果精神状态不佳，做什么事都会没精打采。那些缺乏热情的人，总是消极、悲观、郁郁寡欢，什么事也不愿意做。

爱默生说："热情像糨糊一样，可让你在艰难困苦的场合里紧紧地粘在这里，并坚持到底。一个人如果缺乏热情，那是不可能有所建树的，因为它是在别人说你'不行'时，发自内心的有力声音——'我行'！"

所以，只要热情在，哪怕青春消逝，我们也一样可以活得潇洒。

励志大师拿破仑·希尔曾在他的书中回忆了一位名叫斯蒂芙的女士。斯蒂芙是一名杂志推销员，她曾在拿破仑·希尔的办公室里一次卖出了6份杂志。拿破仑·希尔说，他之所以能够订阅她推销的杂志，完全是被她的热情打动了。

但是，据拿破仑·希尔说，在斯蒂芙之前，已经有一个人来公司推销过《金融周刊》这本杂志了，所以她并不是第一个上门推销的人。只不过，第一个推销员看起来是一副没精打采的样子，言语之中透露出只想赚取佣金的意思，没给拿破仑·希尔留下一丝好感，于是他便果断地回绝了对方。

他认为斯蒂芙与之前的推销员大不相同。他说，她一开始并没有向他推销，而是谈了一些别的事。而且，言谈之间，她非常友好——尤其是看到他的办公桌上摆的几本杂志时，更热情地说：“我猜您一定非常喜欢阅读各种书籍与杂志哦，您也一定是个见识颇广、博学多才的人！”

拿破仑·希尔说：“她热情的态度最终感染了我，让我的心情变得十分愉快。于是，当她请求我时，我便欣然答应了。而且，在她热情的感染下，我一次就向她订阅了6份杂志。”

从故事中我们可以看出，拿破仑·希尔之所以会订阅斯蒂芙推销的杂志，完全是因为她身上散发出的那股热情！

有一位哲学家说："当你被欲望控制时，你是渺小的；当你被热情激发时，你就是伟大的。"可以说，所有伟大的成就都可以称为"热情的胜利"。

从心理学上讲，充满热情的人更有执行力，他们取得成功的可能性也更高。可见，热情在交往中起着重大的作用——不管多么艰难的挑战，只要赋予了热情的努力，就有可能取得最终的成功。

"我们的生活有太多不确定的因素，你随时可能会被突如其来的变化扰乱心情。与其随波逐流，闷闷不乐，不如有意识地培养一些让自己快乐的习惯，来帮助自己调整压抑的心情。只要你对生活充满热情，那么一切情况都将会有所改观。"心理学博士凯伦·撒尔玛索恩女士如是说。

是的，生活中往往蕴藏着太多的不如意，令我们"不得开心颜"——如果我们一味地消沉下去，使坏情绪越积越多，甚至超出了自己的控制范围，就会给身心健康带来负面影响。

对待这种情况，最好的方法不是压抑而是释放。但如果肆意释放坏情绪的话，很可能会影响别人，甚至连自己也承受不起。这时，我们就应该对生活充满热情，让自己活力四射，将不良情绪快速消解——如此，那些令人烦恼的事也就不复存在了。

当你保持积极、乐观的人生态度时，不良情绪便会荡然无存，你整个人也会变得轻松起来。

乔·吉拉德是世界上最伟大的推销员之一——他之所以获得此项

荣誉，是因为他在 15 年里卖出了 130 万辆汽车。那么，他是怎么取得如此大的成就的呢？这与他对工作和人生付出了最大的积极与热情是分不开的。

乔·吉拉德曾有这样一段销售经历：一天，一位女士到某品牌车行购车，但她想买的车暂时没有，推销员从仓库提货要一个多小时。为了消磨时间，这位女士走进了对面乔·吉拉德的车行展厅。

乔·吉拉德走过去，热情地跟那位女士打招呼。从交谈中他得知，今天是该女士 55 岁的生日，她打算选购一辆白色福特车作为自己的生日礼物。

"哦，夫人，生日快乐，怪不得您今天看起来无比尊贵呢！"乔·古拉德热忱地向对方道出祝福，并请她随意参观自己的车行，然后他出去向女秘书交代了一下，又很快折返回来。

"你看这款白色轿车是多么典雅、别致，与您的身份是多么相衬！"他诚恳地向对方介绍道。

"哦，这款车确实不错，但我原来的打算是想……"

女士话还没说完，这时，女秘书走了过来，递给乔·吉拉德一束玫瑰花，他接过后送给了那位女士。

乔·吉拉德诚恳地说道："祝您健康、快乐，尊敬的夫人！这束玫瑰让您看起来很有品位！"

"哦，谢谢！太感谢了！"女士感动得热泪盈眶，整个人激动不已。

这时，她感到买一辆吉拉德车行的车也不错，而并非一定要买原本打算买的车。因为，另一家车行的推销员怠慢了她，而她在吉拉德车行受到了极高的尊重。

于是，她放弃了原来的计划，购买了吉拉德车行的车。

就这样，乔·吉拉德凭着热情与诚恳，很快就成功地完成了这笔交易。据说，他最多在一年中卖出了 14 000 辆轿车——这恐怕与他的个人魄力密不可分。

托尔斯泰说："一个人若是没有热情，他将一事无成。"是的，缺少热情就无法成就事业。当我们充满热情地关爱他人时，他人内心美好的一面就会自然地被激发出来，进而回报我们以热情。

热情会让人变得善良，并且更富有爱心。热情往往还能让人在工作中事半功倍。

热爱生活，才能融入生活。当你融入生活时，你的心情就会跟着好起来，垂头丧气、气急败坏等负面情绪就会在不知不觉中减少或消失，因为它们都被热情赋予了一种新的含义——比如朝气蓬勃、乐观向上等。

如果一个人拥有积极的心态，能够乐观地面对人生，他就成功了一半。倘若没有热情，就失去了生活的乐趣。所以，就算全世界都否定你，你也要相信自己——不去在乎别人的看法，要敢于释放自己，活出真我的风采。

愿你全力激发生命中所有的热情，努力奋斗，一往直前。

6. 再苦再累也要笑一笑

一种美好的心情，比十剂良药更能解除心理上的疲惫和痛楚。是的，不管在什么情况下，都要保持好心态——笑一笑，生活才会更加美好。

人生难免会遇到挫折、失败，难免会被人误解、嘲讽——为此，你会感到不快乐这也很正常。但是，如果你为此而愁眉不展或怒不可遏，则对处境和问题不会有任何益处，甚至还会让事情更糟糕。

如果你选择用微笑去面对一切，你显露出来的豁达气度能够感动对方，让他觉得你有亲和力，从而更加乐于跟你交往。所以，再苦再累也要笑一笑，因为好心情的力量非常巨大。

森林里住着一只凶猛的狮子，它是整片森林的统治者，其他动物都很畏惧它——见到它不是恭敬地行礼，就是赶紧跑开。

但是，森林之王也有它的苦恼——每天天亮时，正在睡梦中的它都会被喔喔的鸡鸣声给吵醒，然后再难安然入睡。这令它十分不快，就想找一个不被鸡鸣吵醒的办法，能安安稳稳地睡个好觉。于是，它离开了森林，四处寻找办法。

一天，狮子来到一座山坡旁的草屋前，看到很多动物都聚在这里，并排起了长长的队伍，它赶紧上前去打听。原来，这些动物都是来求教问题的，因为里面住着一位无所不知的老人。

狮子赶紧往前挤去。大家一见到狮子，纷纷给它让位，它很快就来到了老人跟前，并向老人诉说了自己压抑许久的烦恼。

"哦，你这个问题最好解决了。你去草原上找大象吧，它一定会给你一个满意的答复。"老人听了狮子的诉求后，微笑着说。

于是，狮子又急匆匆地跑到草原上找到了大象。它以为像大象这样的庞然大物一定无人敢招惹，日子一定过得快乐而悠闲，谁知，情况恰好相反——大象正气呼呼地不停甩头、跺脚，一副很愤怒、痛苦的样子。

"你这是怎么了？看样子好像很烦呢。"狮子不解地问道。

"哎呀，快气死我了！你看，有只小蚊子总想钻进我的耳朵里，它时不时地在我身上乱咬乱叮，弄得我片刻不得安宁。"大象愤怒地说，并拼命摇晃着它的两只大耳朵。

"哦……"狮子似乎明白了什么。它想：如此庞大而有威严的大象还会怕蚊子，它都被骚扰得不得安宁——与它相比，自己可幸运多了，因为鸡只不过是每天早上叫一阵子，但没有伤害到自己。如此说来，自己还有什么好抱怨的呢？

狮子想通之后，便辞别大象回到了森林。之后，每天早上听到

鸡鸣，狮子再也不烦闷了，而且，它也不再感到不安了——有时甚至还觉得这实在是件很不错的事，因为鸡鸣可以提醒自己该起床了。

一个人的情绪会受到环境的影响，这很正常，但如果一遇到不顺心的事就苦恼、烦闷，那也说明你太不够坚强了——若是遇到一点小事就苦着脸，生活又怎么会美好呢？

可以说，每个人在人生中都要经历困难与挫折，这会让他的心情有些悲观、消极。虽然把悲观的体验转化为乐观的心态并不容易，但总有一些方法可以帮他们度过——只要学会积极地去面对一切，再糟糕的事都会过去。

我们一定要想办法改善自己的不良情绪，让自己快乐起来，因为这种情绪可以让人变得愉悦。

在笑的过程中，大脑会产生一种叫内腓肽的化学物质，它不但会使身体呈高度放松状态，还能使各种生理功能都得到一定的加强。德国科伦大学的乌伦克鲁教授说："笑一分钟，相当于一个病人进行了45分钟的松弛锻炼，这就是精神放松法。"

心理学研究人员曾做过这样一个调查：他们请来30名年龄在20～60岁之间的志愿者，并请他们到演播厅观看喜剧小品。这个喜剧节目非常有趣，观众们看后无不开怀大笑。

节目结束后，研究人员对志愿者进行了血液检测。测试结果发现，他们血液中的淋巴细胞数量有了明显的升高。可见，笑确实有利于身体健康。

此外，愤怒、悲伤、忧郁等消极情绪能降低人体的免疫力。因为，人在消极的时候大脑就会自觉地发出一些讯息——命令体内各个器官产生相应的行为举止，比如愁眉不展、哭泣等。如果我们长时间被负面情绪包围，中枢神经系统就会对免疫系统下达负面指令，从而给身体健康埋下隐患。

不过，随着年龄的不断增长以及生活压力的加大，我们的笑容会变得越来越少。据相关人士统计，孩子平均每天表现出的快乐情绪约有 100 次，而成人每天表现出的快乐情绪不到 10 次。

高尔基说：“只有爱笑的人，生活才能过得更美好。”所以，为了我们的身心健康，即使生活中有诸多的不如意，也要学会寻找人生的乐趣，学会感受生活的温暖，学会微笑、乐观和自我解忧。

7. 如何使用“心灵除皱剂”

幽默是一种心境，一种状态，一种与万物和谐的“道”。

有时候，生活中我们会遇到意想不到的麻烦，处在这种窘境中无法逃脱时，只有幽默可以激发无穷的力量——就像身体突然长出了翅

膀，将我们带出进退维谷的困境。

可以说，幽默是缓解紧张、消除畏惧、平息愤怒最好的方法。一个面带怒容或神情抑郁的人，永远都不会比一个面带微笑、风趣幽默的人受欢迎。

美国的一次州议员演讲会上，有一位议员（甲）在演讲时因为受到了另一名议员（乙）的打断，就呵斥了乙。于是，乙就像一个受了欺负的孩子找老师告状一样，找到了会议主席，要求主席替他主持公道，当场惩罚甲。

当时的纠纷是这样引起的：甲正在进行演讲时，乙觉得他演讲占用的时间太长了，就走到他跟前低声说："先生，你能不能快点……"

"你最好出去！"甲回过头来，用严厉的口气低声呵斥乙。然后，他继续演讲。

见甲如此对待自己，乙怒火中烧，迫不及待地想要报复甲。但他一时又想不出什么好办法，便找到了会议主席。

"主席先生，你一定听见他刚才对我说的话了，你打算怎么办？"乙问。

"我当然听见了。但是，我已经看过了有关法律条文，你不必出去。"会议主席幽默地说。

没想到，会议主席非常轻松地把这件事解决了。

幽默是一种成功的适应方法，也是一种成熟的心理防卫机制。它是一种才华，是一种力量，或者说是人类面对共同的生活困境而创造出来的一种文明。在遭遇窘迫的境地时，它可以使双方都脱身而出。

人格发展较成熟的人，常懂得在适当的场合表现他的幽默感。无论是名人，还是普通人，当处于尴尬的境地时，只要能合适地运用一些幽默的话语技巧，就可以让自己摆脱尴尬，甚至还会给对方以"回敬"。

如果我们能好好地利用幽默，便可以像故事中的会议主席那样大事化小、小事化了，消除尴尬，扭转局面。

大哲学家苏格拉底可谓尽人皆知，但关于他的妻子，大家知之甚少——她脾气非常暴躁，远不如丈夫那般温和。

有一天，苏格拉底正在跟一位客人谈得兴高采烈时，他的妻子忽然跑了进来，指着他的鼻子大骂。骂了一通之后，她觉得还不过瘾，便拎起一桶水倒在了苏格拉底头上，一下子将他全身都浇透了。

这时，客人以为苏格拉底一定会大怒，甚至与妻子动手。但是，他却笑着对客人说："我早就知道，打雷之后，一定会下一场雨。"

这样，本来很难为情的场面，经苏格拉底的幽默点化，就像是一个夫妻间的小游戏似的简单结束了。

很多时候，幽默使我们在帮助自己摆脱难堪的同时，也给了他人一个台阶下。

在一些情境中，虽然愤怒的情绪能给人以威慑，但当面临尴尬的

处境，只有恰当的幽默才能使你化险为夷，保全自己。就像苏格拉底一样，人们称赞的往往不是他的语言功夫，而是他的人品。

当一个人处境尴尬时，可以通过幽默间接地表达意图。像苏格拉底那样，不仅将妻子的行为当成了玩笑，也没有让自己卷入无聊争吵的旋涡中——这样既避免了一场争吵，又维护了自己的声誉以及客人的面子。这就是幽默的奇妙之处。

在无伤大雅的情形中，表达意念、处理问题的心理防卫方法，被称为"幽默作用"。

一位妈妈看到儿子买回来的果酱，胸中再次燃起愤怒的火焰。于是，她气冲冲地闯进楼下的小商铺，向店老板厉声喝道："你是怎么做生意的？为什么每次我儿子在你这儿买的果酱都缺斤短两？"

"哦，尊敬的女士，每次您可爱的儿子买完果酱回家后，您为什么不称称他是否变重了呢？"

面对顾客的厉声指责，店老板没有慌乱，也没有得理不饶人地反唇相讥，而是冷静地猜中了其中因由。于是，他幽默而有礼貌地回敬了对方。

"哦？是啊……那误会了，对不起。"那位妈妈支支吾吾地说完，只好回家找她儿子算账。

法国作家布拉曾说："幽默是生活波涛中的救生圈。"
用幽默、委婉的语气指出对方忽视了的问题，远比激烈的争吵更有意义。因为，幽默本身是善意的规劝和理智的开导——在不尽如人意的生活中，它能利用可笑而近乎天真的表达形式帮助我们排解愁苦，减轻生活重负；它还能让残酷的现实变得至善至美，让冰冷的面孔变得笑口常开。

一天，诗人歌德在公园里散步。当他走在一条只能通过一个人的小路时，竟然遇到了一名曾对他的作品提出过尖锐批评的"评论家"。

果然，这名"评论家"远远地就冲他喊道："我从来都不给傻子让路！"

"是吗？很好！我则恰恰相反，先生，请您先过！"歌德哈哈一笑，礼貌地说道。

歌德幽默的应对方式使对方羞愧难当，遁逃而去。这件事后来被传为了佳话。

生活中遇到失意、尴尬的时候，我们用幽默泡制一杯下午茶，细细品味，就一定能体会到苦涩中的馨香。

8.身心合一的奇迹："山不过来，我就过去"

有这样一个故事：山脚下住着一位大师，据说他有非凡的法力，可以移动大山。

一天，有个人找到这位大师，请他当众表演"移山"法术。大师答应以后，就开始施法。只见他在山的对面坐了一会儿，就起身跑到另一座山的对面也坐了一会儿。这时，他拍拍身上的灰尘，告诉大家"移山"大法已经表演完了。

大家看后十分疑惑：山并没有被移走呀！

大师笑着说："这个世上根本就没有什么移山大法，唯一能够移山的方法就是——山不过来，我就过去。"

是的，生活中我们经常会遇到非人力可改变的事，这时我们所能做的不是改变事情本身，而是改变自己。面对这种情况，我们不需要跟"大山"硬碰硬，将自己撞得头破血流，而应像故事中的大师一样，改变自己的心态，去适应环境。因为，我们想要改变自己很容易，想要改变环境却不是一时半会儿能做到的。

　　很久以前，有个国家的所有人都赤着脚走路。这天，国王抬头望着湛蓝如洗的天空，决定徒步到郊外去赏美景。于是，他轻装简从，带着一个大臣和几个士兵去了。这次出游让他觉得很高兴，可回皇宫的时候他就不那么高兴了。

　　因为，他走了一天的路，双脚疼痛不已。此刻，他每走一步路，都觉得双脚就像被钉上一枚钉子那般疼。他生气地对大臣说："地面实在太硬了，这样下去，我的脚都要磨破了。快去叫人把全国所有的路都铺上皮革，让我走上去可以舒服点！"

　　大臣听后，脑筋一转，心想："天哪，用皮革铺路是多么不现实的想法呀！陛下一定是累晕了才会下这样的命令，等他清醒过来看到我这么做，一定会责骂我的，甚至会杀了我。可现在如果不让他感到舒服点，他也会责骂我，这可怎么办……"

　　这时，大臣想到了一个好主意，赶紧对国王说："英明的陛下，这件事其实不需要大动干戈，只需要一小块牛皮包在您尊贵的脚上就可以啦！"

　　国王听了，觉得非常有道理："你说得对呀，只要有一双舒服的皮鞋，我的脚就不会那么疼了！我刚才下的命令真荒唐啊！"

　　于是，他立即采纳了大臣的建议，让人去市集上为自己制作了一双"牛皮鞋"。

　　每个人都希望自己能过得快乐，希望每天发生的事都能按自己的

所思所想去发展。但现实情况却总是事与愿违，毕竟谁也不可能一帆风顺。所以，最聪明的做法不是改变环境，而是改变自己。

有位哲人说得好："如果你不能成为大道，那就当一条小路；如果你不能成为太阳，那就当一颗星星。"是的，很多时候，决定成败的不在于环境，而在于做最好的自己。

要知道，我们一生中总会遇到不同的困难——很多事，只要我们咬紧牙关就可以挺过去，但也有一些事却会像大山一样挡住我们前进的步伐。那么，这时我们该怎么办呢？难道要选择一辈子在山下驻足不前？

其实，既然大山一时无法被移走，那我们就变通一下——绕过大山，走点弯路一样可以到达目的地。所以，当我们不能改变事情本身的时候，就要改变对事情的态度。

生命就像画板，我们需要自己着色，而不是以色彩做遮挡。我们要学会改变，改变自己的情绪，改变自己的思维——当山不能过来时，我们就自己过去。当事情无法改变时，我们就学会改变自己。这时，我们才能绘出灿烂的心灵图画。

有一个老渔翁，常年靠打鱼为生。一天，一个年轻的女人找到他，求他划船把自己带到深海区——她要在那里投海自杀。这是因为：两年前，她结了婚，还生了一个可爱的孩子。但不久前，她的孩子病死了，丈夫也跟她离婚了。这令她万念俱灰，一心想着去死。

当船划到深海区，这个女人准备投海。

"两年前的你，与今天的你有什么区别？"老渔翁问她。

"两年前的我，跟现在一样一无所有啊——没有丈夫，也没有孩子。"她回答。

"哦，既然现在的你与两年前的你一样，没有丈夫，也没有孩子，那你的人生也没怎么变化啊——你还是原来的你，那你还有什么想不开的呢？"老渔翁又问。

"哦？您说得是啊！我不跳海了，咱们回去吧！"女人幡然醒悟了。

可以说，任何人遇上灾难和不幸，情绪都会受到影响——这时一定要控制好情绪，切莫在冲动之下做出令自己后悔莫及的事。

在这个世界上，并不是所有的事都会按我们期望的那样去发展，一定会遇到困难、挫折，这时，为何不让自己主动地去面对困难呢？

要知道，有时候一种来自适应后的融入，反而更能激发出生命无形的潜能，或许还会出现柳暗花明又一村的局面，让我们看到另一种契机或更好的转机。当我们变得足够强大时，那些曾令我们感到困难的事，可能已经对我们构不成丝毫压力了。

所以，当我们做出任何尝试都无法再改变什么的时候，不要生气，也不要气馁，不妨学着适应环境——"山不过来，我就过去"。这样做，也能拥有美好的人生。

9. 自信心：积极情绪的力量

重负，是一种压抑自我的精神枷锁。

心有重负的人，往往不敢抬头，不敢大笑，因为沉重的心理压力使他们产生了一种不良的自卑心境。在困难面前，他们只会退缩；在有钱的朋友面前，他们总会感觉自己囊中羞涩，从而轻视、怀疑自己的能力——在他们的人生字典里，没有"自信"这个词。

他们总认为自己存在这样那样的不足，甚至认定自己一无是处。这无疑会给心灵带来深深的伤害，使自己更加抑郁、自卑，从而过着痛苦的人生。

其实，很多成功人士也曾有过痛苦、自卑的心理，但只要能够战胜这种心理，它就可以转变成前进的动力。所以，你只要敢于表现自己，敢于挖掘自己的闪光处，你就会看到光明，走出重负的阴影。

著名指挥家小泽征尔在音乐上颇有造诣，也因而被誉为"东方卡拉扬"。据说，在他成名的历程中曾发生过这样一件趣事：那是一场很重要的大型音乐会，台下坐着许多音乐界泰斗级的人物，他们是这次音乐会的评委。当时，小泽征尔拿着指挥棒，全神贯注地指挥着。

乐声一挫一扬地进行着，突然，他发现乐曲中出现了一个不和谐的音符——这是怎么回事，难道是自己指挥错了吗？他感到十分疑惑，立即做出一个停止演奏的手势，重新开始指挥乐队演奏。但是，他再次遇到了同样的情况。

"真是奇怪！"他心里暗想，"乐曲中仍然有不和谐的音符，一定是乐谱写错了！"

当他将心里的疑问说出来时，在场的所有音乐评委都表明这是他的错觉，乐谱没有问题。

一面是自己亲耳听到的不和谐音符，一面是音乐界权威人士下的结论，他到底该相信谁呢？虽然他心里也犹豫过，但这个念头转瞬即逝——相比其他人的判断，他更相信自己的耳朵。于是，他斩钉截铁地告诉大家："这份乐谱写错了！"

"你确定吗？"

"是的，我确定！"他仍然坚定地说。

场下沉寂片刻之后，立刻响起了热烈的掌声。

原来，这是评委们故意设计的一个"圈套"，以试探指挥家对音乐的判断与掌控能力，以及对音乐勇于负责的精神。要知道，只有具备这种素质的人，才配得上称为世界一流的音乐家——小泽征尔以自己的实力、人格与自信顺利地过了这一关。

心理学家阿德勒认为，每个人都有一定的自卑情结——他们否定自己的能力、羡慕别人的成功，这是一种消极的思想行为。

自卑不但使人对自己的能力不能正确地进行评估，还会使人觉得自己无论什么事都做不好。所以，它是个体对自己的能力和品质评价过低的一种消极情感。

心理学家研究发现，当一个人碰到困难或产生颓废的念头时，只要不断对自己进行正面的心理强化，比如对自己说"我相信自己是对的""我一定能做得更好"等，有利于充实内心的正能量，从而提升自信心。

就像故事中的小泽征尔一样，经过最初的怀疑后，他最终选择了相信自己，结果不但提升了自信心，也使自己走向了成功！

布拉格是英国著名的物理学家，小时候，他的家庭非常贫困，他在学校读书时常常穿得破旧不堪。

父母虽然很爱他，却穷得连一双合适的鞋子都给他买不起。所以，他只好经常穿一双不符合他脚的尺寸、父亲穿过的旧皮鞋。

尽管布拉格家非常贫困，但父母仍然坚持供他读书——为了鼓励他不向贫困低头，父亲还特意给他写了一封信：

"布拉格，我们家连一双舒适的鞋都给你买不起，真抱歉！但愿再过一两年，我的那双皮鞋你穿在脚上正合适。虽然我们家很穷，但我对你抱有很大的希望，相信你会有一个很好的前途！而你一旦有了成就，我将引以为荣——因为我的儿子是穿着我的破皮鞋努力奋斗成功的……"

就这样，布拉格从不曾因为贫穷而感觉自己低人一等，因为父亲那封充满期望的信一直激励着他，使他觉得胸中似乎有一股无形的力量在催促着自己前进。

当同学都因为他穿的那双有点可笑的大皮鞋而嘲笑他时，他却觉得那双大皮鞋就像黑暗中的灯火一样，指引着他在崎岖的人生之路上不断前进。

于是，凭着不懈的追求与努力，他终于在物理学方面取得了很大的成就，而那段贫穷的岁月就是他努力进取的动力。

心理学家研究发现，自卑感的产生是因为人们遇到挫折和失败时不能正确地对待，并且，如果对自卑感处置不当，就会使自己失去对生活的信心。

所以，不要羡慕别人，不要自怜自怨，因为谁都有不如意的地方——只要你昂起自信的头，放下心中的不满，就没什么可以压垮你。当你能阻击一切障碍的时候，便是你走向成功的时刻。

此外，心理学家还认为，当一个人总是习惯性地担心自己的能力会对未来产生不良影响时，可以用积极、合理的想法取代消极的担心。这种心理便是心理学上所说的"担忧焦虑症"。

其实，这是没意义而且浪费时间的想法。担忧在你控制力之外的未来将会发生的事，无疑是杞人忧天。因为，从概率上看，这种思想上的"坏"结果极少发生。

所以，为了人生得以顺利发展，你一定要想办法战胜自己的自卑心理，用另一种眼光来看心中的阴影。

平时，要勇敢面对自己，建立自信，做一些正面的自我心理暗示，止于幻想。一定要避免对自己进行消极暗示，更不要有放弃的念头，当你拥有十足的自信心时，便能到达成功的彼岸。

那么，如何放下心中的担忧，成为一个自信、洒脱的人呢？希望以下两点方法能对你有所帮助：

一、给自己的担忧情绪上个"闹钟"

心理学家研究表示：那些规定自己每天仅用 30 分钟来考虑各种让自己担忧的问题的人，在工作上的成功概率要比一般人高很多。

所以，如果一些事让你吃不好饭、睡不好觉，那么你不妨告诉自己，等有了更合适的时间再去考虑这些让人讨厌的问题，比如第二天早上六点半，或是周末某个悠闲的时间段。

总之，千万不要让担忧时常占用你的时间。慢慢地，你就会情绪好转，开朗起来。

二、让自己在众人面前"显显眼"

想要提升自信心，不妨在众人面前"显显眼"。比如，当步入会场时，有意从第一排穿过，并且硬着头皮在第一排的座位坐下。尤其是当你非常惧怕当众发言或表现自己时，你越要这样做。

卡耐基说："当众发言是克服羞怯心理、增强人的自信心、提升热忱的有效突破口。"所以，不要放过每一个当众表现自己的机会——慢慢地，你就会摆脱心头的焦虑，成为一个阳光十足的人。

第七章

平常心：向着阳光那方

1. 制怒：如何应对不良情绪

每个人都会有不如意的时候，都会有伤心失落或痛苦难过的时候——因此，大家都会产生负面情绪。

但是，无论心多累，生活多么不幸，都不应该肆意宣泄自己的负面情绪。要知道，明明是自己控制不了负面情绪，却又毫无顾忌地去伤害别人，那么，最终的结果必定会是伤人伤己。

杨璐与李湘是一对好朋友。这天周末，杨璐去找李湘，因为两人前些日子就约好了今天一起去逛街吃饭。

李湘正好因为工作上的事没处理好，周五下班时挨了上司的一顿训斥，心情极为不爽。但杨璐不知情，稀里糊涂地便撞到了李湘的枪口上。当杨璐高高兴兴地来到李湘家门前，李湘打开门，看到是她，一脸不悦地说："你怎么来了？事先也不说一声。"

"什么？你不记得了，几天前我们不是约好今天一起逛街吃饭的吗？难道还要事先给你下个邀请函啊？"杨璐开玩笑地说。

"哎呀，我哪有资格收到你的邀请函啊！不过，就是再大牌的邀请函，我今天也不会去了，因为没心情！"李湘生气地说。

"哦？你今天是怎么了？发生什么事了吗？"杨璐关心地问。

"没什么事，能怎么啊？算了，算了，没看见我心情不好吗？没想到正在心烦的时候，你又来了！"李湘说。

"哦……那，那你真没事吧？"两人毕竟是好朋友，杨璐还是多问了一句。

"我能有什么事？难道有事了我会真的去死吗？你先走吧，我现在烦着呢……"李湘的负面情绪爆发了，她啪的一下关了门，留下一脸莫名其妙和委屈的杨璐。

生活中，有些人在生气或是不开心的时候很容易口不择言，身上像长了刺似的，逮谁"扎"谁。

就像故事中的李湘，把一肚子坏情绪毫无理由地撒在了好朋友身上。这样，她自己出完气是痛快了，过后也不安抚好友是怎么无辜中了自己"一枪"——好友还能一如既往地与她来往吗？

所以，当你迁怒于人的时候，如果对方是自己的好友，可能会理解你，或是体谅你的坏心情，从而不跟你计较什么。但不可否认的是，对方确实会因为你那些难听的话或糟糕的态度而非常不开心的。

小玲与张峰是一对恋人，两人各自条件都不错，算是郎才女貌，所以亲朋好友都很看好他们，都盼着能早日喝上他们的喜酒。可是，

两人近期却争吵不断，几乎不能好好相处。

张峰虽然个性有点固执，但也算懂事。可小玲在文静的外表下却藏着坏脾气，两个人相处时稍有些不顺意，或是对方做的事自己看不顺眼，她的坏脾气就会爆发，冲对方一通乱吼。

有一次，两人又因为一点小事闹起了矛盾，吵得不可开交——他俩都觉得自己有理，谁也不让步。

"你还有理了是吧？这明明就是你做得不对，还跟我争吵。我看你就是一个不讲道理的人，一个不肯认错的人，以后让我怎么跟你在一起生活啊？我看我们还是分手吧！"正在气头上的小玲，随着坏情绪的递增，分手的话便脱口而出。

"好啊，分就分，谁怕谁呀！你这种脾气我也是受够了，只是你别后悔就行。"张峰说罢，冲动地转身而去。

于是，两人背道而驰，渐行渐远。结果，这一次坏情绪的爆发，为他们的感情永远地画上了句号。

生活中有许多跟张峰、小玲一样的人，他们在生气、愤怒的时候常常口不择言，但他们却不知道——在乎自己的人听到这些话会有多么伤心。当他们发泄完负面情绪后，再转过身来，恋人或知己已经天涯陌路。

人生没有如果，逝去的不再回来，当你无限放大坏情绪的时候，就是失去对方对你的关爱的时候。

那些遭受负面情绪折磨的人，往往是一些弱势群体，但他们不能因为自己值得同情或心情不爽，就将负面情绪转嫁到别人身上，最后伤人伤己。

其实，每个人都会有情绪不好的时候，如果选择了错误的发泄方式，就会带来不良后果。所以，你要学会积极地面对自己的负面情绪——不要放纵自己，不要让坏情绪蔓延到他人身上。平时还要学会反省，不要肆意而为。

人生路漫漫，不要让情绪主宰你，而要做情绪的主人——这样就能感知到生活到处充满了阳光与爱。

2. 走出焦虑风暴：你不是放不下，只是太焦虑了

焦虑心理是在生活、学习、工作中遇到压力或危机时，产生的一种复杂的消极情绪。过度焦虑也是一种病态，比如过度紧张、烦躁、压抑、愁苦等，它们常常会使人坐立不安，精力难以集中，夜里常常失眠、多梦或是从梦中惊醒。

通常，大多数人都不知道自己因为什么事而情绪焦虑，只是心里莫名地感到急躁。在这种负面情绪的驱使下，自己什么事都不想做——

即使去做某项工作，也打不起精神，最后往往会以失败而告终。

可见，焦虑不但会影响我们的工作效率，还会严重妨碍我们的正常生活。

王影三十岁出头，不但人长得漂亮，性格也大方，在亲友与左邻右舍间的口碑很好。她有一个美满的家庭——丈夫对自己体贴有加，四岁的女儿乖巧可爱。

但是，近两年来，王影却生活得一点也不快乐。因为，她的心情一直处在难言的焦虑之中——这令她看什么都不顺眼，遇着任何事都想发脾气。

这样一来，精神上的痛苦导致了生理上的不良反应，于是，头疼、失眠、消化不良、呕吐等一些不健康的症状接踵而来。

"我这是怎么了，该怎么办呢？"经过多次的思想斗争，王影终于鼓足勇气去咨询心理医生。

面对心理医生，王影道出了自己的苦衷："自从生完孩子后，我和丈夫就没有过夫妻生活。但他在生活中对我很好，许多家务活儿都是他干的。不过，他越是殷勤，我就越烦他。

"每天晚上吃完饭，他总是在客厅看电视，看到很晚才上床睡觉。我向他暗示，他也不理会我，一上床就蒙头大睡，很快就睡着了。有时我生气地推醒他，向他提出要求，他却说一点也不想。我觉得他可能病了，让他去看医生，他却说自己很健康。

"一次，我对他嚷：'你要是对我不满意的话，咱们就离婚，你再找一个你觉得满意的女人去！'他也很生气地反驳说，他干吗要去找别的女人，还说我很无聊。我真不知道他是怎么了，我心里很烦，情绪也越来越糟糕。"

听完王影的话，心理医生分析，她的烦躁情绪完全是由夫妻生活不美满引起的。这属于潜意识中的一种精神压抑，尽管当事人还没这种主观意识，但压抑状态不知不觉地长久存在，慢慢地就会摧垮一个人。

其实，作为一个正常女人，王影得不到性生活的满足，心理自然会不平衡。而她的丈夫作为一个壮年男子，完全不想过性生活也是一种功能障碍。

最后，心理医生告诉王影，夫妻间的性生活都与配偶有关。比如，男方的毛病也有可能是由女方引起的。所以，作为妻子，王影有责任帮助丈夫——这样才能治好他的病。

在医生的指导下，王影了解了一些生理与心理学方面的知识，她也终于明白丈夫之所以这样，确实与自己有关。于是，她不再像之前那样故意冷淡丈夫，更不再因为一些不顺心的事而厌烦他了。

她开始改变并调节自己的生活状态与心情，每天和丈夫一起上班、回家，一起听音乐、跳舞，共同就餐、外出聚会。

在王影积极的努力之下，丈夫的热情终于被唤醒了，他们的生活又恢复了当初的欢笑和温馨，而王影那压抑了很久的焦虑情绪也一扫而光了。

焦虑情绪始于对某种事物的热烈期盼，形成于担心失去已经拥有

的东西——虽然这是一种不良情绪，但采取正确的措施就能缓解。

希望"想象训练法"可以帮到你：

第一步：先使自己进入放松状态

首先，你要让自己的身体完全松弛下来——可以通过重复做 5 ～ 6 次深呼吸，使自己慢慢进入放松状态。

第二步：想象自己轻松的过程

想象这样的画面：你站在金色的沙滩上，脚边散落着五颜六色的贝壳，和煦的日光洒在海面上，折射出点点光斑。你张开双臂，迎着海面上的风，好像能拥抱整片海洋。

第三步：完全放松后，再次想象

如果你发现自己出现了紧张情绪，便要停止想象，将注意力集中于呼吸，重新进行放松。等完全放松后，再次想象刚才的情景，并体会轻松感。

第四步：重复两次情景想象

重复想象可以令你感到轻松，直到你不再紧张、焦躁。但要注意：每次进行想象训练的时间不宜过长，一般在 20 ～ 30 分钟。

以上方法对焦虑情绪和压力症状有积极的缓解作用，不过，缓解焦虑情绪的方法还有很多，你也可以在相关人士的指导下选择一种适合自己的方法。

3. 告别"失乐园"：如何排解低落情绪

绝大多数人在感到伤心、苦闷的时候，都会不由自主地流泪。这时，你的亲朋好友都会劝说"笑一笑就过去了"，很少有人会劝说"哭出来，你的情绪就好了"——流泪似乎是一种极其负面的行为。

其实，适度的哭泣对身体是有益无害的。

对此，美国生物化学家费雷也认为，人在悲伤时不哭的话会损害身体健康，这相当于慢性自杀。并且，他经过调查还发现，那些长期不哭的人的患病率要比经常哭的人高一倍。

所以，长期不哭——就是不懂得排解情绪，反而会损害我们的身体健康。

有一位心理学家曾经做过一次关于"哭泣"情绪的实验：

当时，这位心理学家请来一百多位中年人参与实验，并将他们按照身体的健康情况分成两组——一组是身体健康的人，另一组则是患有溃疡病、结肠炎的人。

当心理学家把事先设计好的事件放到大家面前时，实验结果发现，身体健康的人哭泣的次数相比患病的人更多。而且，他们在哭泣以后会感觉心情舒畅了许多。

心理学家对"哭泣缓解负面情绪"这个问题做了进一步的研究后发现，当我们感到压抑时，体内就会产生一些有害的生物活性物质——当人哭泣时，这些有害物质就会随眼泪排出体外，这就降低了有害物质的浓度，同时缓解了负面情绪。

可见，适度的哭泣能帮助我们宣泄负面情绪，缓解压力。

俗话说："男儿有泪不轻弹，只因未到伤心处。"从心理学的角度来讲，当人感到伤心、难过、忧愁时，就会情不自禁地流泪——这是人类机体的自然反应，我们不需要故意克制。

很多男性朋友都有这样的观念：哭泣是女人的特权，作为男人，无论如何都应该如钢铁一般坚硬，因此不能流下代表脆弱的眼泪。

这一观念是严重错误的。

哭泣是每个人都有的正常情绪反应，它并不受性别等观念的限制。当我们流泪时，体内的呼吸系统、血液循环系统、神经系统也开始运转，这可以帮助机体消除疲劳感，使我们得到一定程度上的放松。

"泣不成声""喜极而涕"，这是两种相对的情感，而哭泣就是建立在这两种相对的情感之上的。

相关研究表明，无论是悲伤，还是喜悦，人在流泪时情绪的强度都可被减低 40% 左右。故而，当我们流泪以后，内心就会觉得舒畅了许多。

因此，当你感到情绪低落或压力过大时，完全不需要压抑自己的情绪，这只会令你更加难过——适度的哭泣反而会让你变得轻松。

4. 宽恕自己：别跟自己过不去

泰戈尔说："如果你因失去了太阳而流泪，那么，你也将失去群星了。"

是的，人生在世，谁不会犯错？即使是圣人也有可能犯错，但如果为了一点错误而一直耿耿于怀，不能原谅自己，就会产生负面情绪，沉浸在自责、愧疚中难以自拔，从而心情低落，无心做事，或是产生自我惩罚的心理，或是患上抑郁症。

其实，当一个人有了愧疚的主观倾向时，它的阴影就会像一条毒蛇缠着他，让他长期感到自责、自卑，并且还可能引发进一步的"负罪感"。

这样一来，他总是敏感于别人的态度和看法，承受双重的痛苦，

这会导致慢性抑郁症或强迫症等心理疾病，使他将所有的痛苦一肩扛，从而陷入无法饶恕自己的深渊，严重者还可能会产生自杀念头。

所以，我们一定要重视这种负面情绪，切勿因此而害了自己。

莉莉长得很漂亮，还交了一个体贴、有上进心的男朋友。在外人看来，她的生活很平静，也很快乐。

事实上，这几年来，莉莉一直都烦躁不安，苦不堪言，这使她渐渐地患上了抑郁症，并产生了轻生心理——她常常嚷着自己活不下去了，甚至还试图服用安眠药自杀。

到底是什么事让莉莉想不开的呢？后来，男朋友带莉莉去看了心理医生。在向心理医生咨询时，莉莉说她非常讨厌自己，总觉得自己是个坏人。

原来，莉莉从高中开始就读寄宿学校，一个月才回家一次，所以父母每次都会给够她一个月的生活费。

有一次快到月底时，莉莉弄丢了钱。自习课上，她正想着以后的几天该怎么办时，突然看见趴在桌子上睡觉的同桌口袋里露出了钱——于是，她鬼使神差地偷走了那几十元钱。

放学后，莉莉刚进宿舍，就看见同桌坐在自己的床上，她那副表情好像在说："我已经什么都知道了。"果然，接下来，莉莉受到了理所应当的质疑。最终，在同桌等舍友们的逼问下，她说出了事情的真相。

虽然同桌叹了一口气，不打算继续追究了，可舍友们的目光却像一把冰冷的匕首深深地刺痛了莉莉的心。自此以后，她就变得沉默寡言，很少跟同学一块儿玩耍，尤其对他人的财物唯恐避之不及。

然而，流言并没有放过莉莉。很快，一传十、十传百，整个年级的同学都知道她手脚不干净，偷过钱。那时候，她最渴望的就是赶快迎来高考——去一个没有人认识她的地方上大学。

可现实是，莉莉和一位舍友考上了同一所大学，虽然她们两个人学的不是同一个专业，但时常可以见到。尽管舍友再也没有提起当年她偷钱的事，可她每每迎上舍友的目光，都仿佛能听到一个声音在说："你是什么样的人我最清楚了，而且，我已经告诉大家要远离你这个小偷了！"

自此以后，莉莉每天都为自己曾经犯下的错而感到焦虑——她总觉得大家看她的眼神充满了鄙夷，尤其是和各方面都很优秀的男友在一起后，羞愧、自责、自卑等复杂情绪一直困扰着她，最后使她积忧成疾。

后来，在心理医生和男友耐心的开导与疏通之下，莉莉的消极心理才开始慢慢地淡化了。

大多心怀愧疚的人，都有一种认知误区——觉得自己被轻视、忽略，失去了自尊和自我价值。尤其是长期的内疚、自责，最终会造成一种可怕的后果——自杀！因为，愧疚等情绪不是时间就能愈合的心理伤痛。

犯了错而不能原谅自己的人，其成长道路必然会受到一定的限制。

事实上，很多时候这只是他们的自我暗示。

当然，即使你因为一些错误给对方带来一定的坏影响，从而导致对方讨厌你、疏远你，这时你也应当想明白一个道理——既然事情已经无可挽回，再扼腕叹息也于事无补，还不如将精力放到自我反省、总结经验上，避免再犯同样的错误。

其实，人生不可能永远地拥有什么，因此，我们也没必要去惋惜什么。真正的智者有勇气去改变可以改变的事，有度量去接受不可改变的事。

美国著名心理学家威廉·詹姆斯说："承认既定事实，接受已经发生的事实，这是应对任何不幸后果的先决条件。"这句话饱含着深奥的哲理：事已至此，不管是好是坏也不必苛责自己，懊恼不已——我们应该坦然接受再去改正。

一位哲人说："聪明的人永远不会坐在那里为他们的损失而悲伤，却会很高兴地想办法来弥补他们的损失。"是的，我们应该学会"自我优先"——学会正确地认识自己、珍视自己，对自己负责。

"人非圣贤，孰能无过？"在这个世界上，没有谁应该为过错而愧疚一生。

人生无常，聪明的人应该学会抬头挺胸，抛开忧虑，跟内疚等负面情绪说"分手"，豁达地对待已经造成的损失——因为这是令生活轻松的前提。

5. 快乐的处方：学会爱自己

我们经常会遇到不顺心的事，尤其是家庭和职场琐事，常常让我们感到心力交瘁、焦躁、烦恼。但是，人活着并不是来接受煎熬的，而是来享受生命的——如果我们沉浸在痛楚中不能自拔，那么，我们就将失去本应属于自己的快乐。

所以，当我们产生某种心理障碍时，不妨换一种让自己轻松、自在的活法，去享受每一种环境下的人生。

盛夏酷暑，一个充满阴凉的葡萄架上，一串串晶莹剔透的葡萄挂满枝头。一群狐狸因为口干舌燥来到了这里，它们都馋得直流口水，可葡萄架很高，吃不到葡萄，怎么办呢？

第一只狐狸高喊着："下定决心，不怕万难，吃不到葡萄誓不罢休！"之后，它一次又一次地跳起来，最后累死在葡萄架下。

第二只狐狸因为吃不到葡萄，整天闷闷不乐，最后抑郁而亡。

第三只狐狸想："连个葡萄都吃不到，活着还有什么意义呀？"

然后，它就上吊了。

第四只狐狸最可怜，它因为吃不到葡萄发疯了，整天口中念念有词："吃葡萄不吐葡萄皮……"

第五只狐狸找遍四周，发现没有任何工具可以利用，于是它笑了笑说："这里的葡萄一定特别酸！"然后，它沾沾自喜地走了。

第六只狐狸从附近找来一架梯子，爬上去摘到了葡萄。

第七只狐狸心想："我得不到的东西，也绝不让别人得到。"于是，它一把火将葡萄园烧了个精光。

第八只狐狸来到后，因为没葡萄了，它就从第六只狐狸那里偷、骗、抢，但不久就受到了惩罚。

为什么面对同样的葡萄，这几只狐狸会有不同的表现呢？这是因为，它们有着不同的心态。

人生也是如此。当你用不同的心态去看待同一个问题时，也会发现有不同的结果。所以，心态是横在人生之路上的双向门——人们可以把它转到一边，进入快乐；也可以把它转到另一边，进入悲伤。

古希腊哲学家伊壁鸠鲁说："人类不是被问题本身所困扰，而是被他们对问题的看法所困扰。"是的，快乐也是一天，不快乐也是一天——如果我们拥有了积极的心情，那么，万事万物都能够带给我们快乐。

古时候，有一个大财主要娶媳妇，他开始给每位亲戚好友发请帖，让大家来参加自己的婚礼。

但是，他实在不愿意给一位穷亲戚发请帖——如果这位穷亲戚参加自己的婚礼，会让自己在那些富豪亲友面前很没面子。问题是，真的不邀请对方，于情于理又觉得不合适。

思考再三，他最后还是发了张请帖，但加了一个附注："如果你来，表示你贪吃；如果不来，表示你小气。"这样，他以为这个穷亲戚一定不会来赴宴了。

可是，让财主意想不到的是，婚礼当天，这个穷亲戚按时出现了，并且还昂首阔步地将一个红包递给了他，然后又大摇大摆地到宾客席上去吃大餐了。

财主将穷亲戚给的红包打开，发现里面只有一张最小面额的钱票，并且也加了附注："如果你收，表示你贪财；如果不收，表示你没肚量。"大财主看后羞得面红耳赤，却也无可奈何。

可以说，生活中谁都会遇到令人生气的事，但很多人一旦被激，就会勃然大怒，与对方互相大骂，甚至大打出手；或者是自己整天生闷气，内心纠结，郁郁寡欢。

其实，我们也不妨学学故事中那位穷亲戚的做法，他那样"以牙还牙"，也很不错。

我们活着的目的，就是要培养积极、强烈的快乐意识，而不是总让自己不开心——只有正确地追求快乐，人生才能富有意义。

美国著名演说家罗伯特刚到中年就开始脱发，一度头秃得很厉害。在他六十岁生日那天，家里来了许多亲朋好友，这时，妻子悄悄地劝他说："你今天戴一顶帽子吧。"

妻子的声音虽然很小，但大家还是听到了。

"我的夫人劝我戴顶帽子，可是，你们不知道秃头有多好——我是第一个知道下雨的人。"罗伯特故意大声地当着大家的面说道。

可想而知，罗伯特的这句话一下子使聚会的气氛变得轻松了，同时也展示了他宽大的胸怀。

自嘲是一种极好的心理平衡术，也是一种快乐的人生态度，更是一种生活的艺术。很多时候，快乐并不取决于你是谁、你在哪儿、你在干什么，而取决于你当时的心态与想法。

所以，我们应该学会自我调适与自我平衡、自娱自乐、自宽自解。

其实，如果你心里想着快乐，那么，很多情况下你都会如愿以偿——因为凡事都有两面。要知道，快乐一方面取决于客观实际，另一方面则取决于我们自己的认知能力与思维方式。

我们只有解开自己的心结，才能做一个快乐而又充实的人。

赵颖和小方是大学同学，毕业后他们分别去了两家知名企业，并且很快都成了业界精英，也成了竞争对手。

不过，由于小方急功近利，在竞争重要客户的时候总是用一些见不得光的手段，久而久之，大家都倾向于与赵颖合作。这让小方对赵颖心生不满，经常在人前诋毁她。

有一回，赵颖拿着新方案去拜访客户，碰巧小方也在。中途赵颖去了一趟卫生间，客户看着她的背影赞许道："早就听说赵颖精明能干，今日一见，果不其然。"

听客户这么说，小方皱着眉头说："我和赵颖是大学同学——其实，我很了解她，她的确聪明，但也很会耍手段。"

这句话正好被刚回来的赵颖一字不落地听去了，不过，她并没有反驳也没有发火，而是继续向对方阐述自己的方案。客户听完赵颖的方案，觉得很符合自己公司的市场操作，就笑着对小方说："现在，我更相信她是个尽职尽责的人。"

其实，坦然、豁达的心态并不会带给我们危险——相反，锱铢必较的心态最后一定会令自己受伤。

如果我们心情豁达、乐观，就能够看到生活中光明的一面。事实上，只有那些热爱生活、充满快乐的人，才能真正地拥有这个世界。

很多时候，一些小快乐就会让我们的生命更可亲，更值得眷恋。

6.平常心：向着阳光那方

《菜根谭》里说："宠辱不惊，看庭前花开花落；去留无意，望天上云卷云舒。"

这句话告诉我们，要学会坦然地面对一切，无论"宠"或"辱"都不要太在意——要保持一颗平常心，得志的时候不要过于欢喜，落魄的时候也不要过于悲伤，而要乐观、坦然地面对人生。

平静的内心一定会有强大的力量，只有拥有平静的心态，才能活得从容、安详，才能使我们在遇到艰难和不幸的时候，再次燃起对美好生活的期盼。

所以，平静的心态不但是一种良好的生活品质，更是一种人生智慧。

不管我们的生活是幸福还是不幸，是快乐还是忧伤，我们都要学会乐观、从容地面对它。当你能够淡泊名利，坦然面对人生的悲喜，反而能够收获更多的幸福。

人生总是在得失互补、悲喜交接中度过的，失败与挫折是常有的事——凡事看开一点，就没有什么事值得计较了。相信"任何事的发生必有利于我"，我们就不会消沉与绝望。比如说，失去了财富，我们还有健康——身体健康，还可以赚来财富；失去了房子、车子，我们还有爱人、亲人，还可以再造一个温馨的家……

"祸兮福所倚，福兮祸所伏。"只要我们以一颗平常心去对待生活，好事并不见得真的好，坏事也并不见得真的坏。

人的一生要想幸福，离不开一颗平常心。凡事都不要看得太真，不要太执着——要学会用淡然的眼光去看待生活的沉浮。

人活着，必须要有一个好心态——这对我们的成功具有决定性作用。拿破仑·希尔的成功法则中有一条说："命运之轮在不断地旋转，如果它今天带给我们的是悲哀，那么，明天它将为我们带来喜悦。"

是的，世事无常，保持从容的心态，看远点、看淡点，做到宠辱不惊才能生活得坦然自若。虽然当下我们无法让自己变得富有，但可以让自己过得更快乐一些——这一点是可以把握的。

很久以前有一位智者，他经常说一句特别有意思的口头语："太好了！"由于无论遇到什么事他都说"太好了"，很快，他的名望就传遍了大街小巷。

国王知道以后，觉得这个人真是太有意思了，就让他进宫做了自己的谋士，而他的那句口头语也常常给国王带来欢乐。

不过，有一天他因为说这句口头语而招来了大祸——国王一气之下将他关进了大牢。但后来还是因为这句口头语，国王又将他放了

出来，并且比以前更加喜欢他了。

这究竟是怎么回事呢？

原来，一个邻近的小国来朝贡，他们送给国王一把无比锋利的宝剑。国王一看非常喜欢，爱不释手地摆弄个不停。谁知一不小心，宝剑竟然脱手而出，在掉落的一刹那把国王的大脚趾给砍断了。

国王的脚流了好多血，他痛得龇牙咧嘴，非常不悦。这时，周围的大臣等人都在关切国王的伤情："国王，没事吧？""国王，赶快请太医来包扎吧。"

这时，智者却对国王说："太好了。"

"什么？我都变成残疾人了，你还说好呀？"国王一听，鼻子简直都要气歪了。

"是的，太好了。"智者说。

"你这是成心的吗？"国王非常生气，就下令将智者关进了牢房。

一天，国王带着大臣们到城郊外围猎。国王非常喜欢射猎，一到猎场，他就骑着快马跑到了森林深处。这时，他才发现人臣们都没有跟上来——想到这荒郊野外没一个人时，他心里不免有点胆怯，可如果现在回去，岂不说明自己胆小怕事？

想到这里，国王也只好硬着头皮，一个人在森林里转悠了半天。等他再回头看时，却发现自己迷路了。

找了半天，国王也没找到回去的路。怎么办呢？

眼看天色已经很晚了，国王正在担心之际，树林里突然钻出来一帮野人，他们哇哇地叫着一拥而上，很快就将国王给抓住了。之后，野人又把国王带到他们的住处，随即扒光他的衣服，将他扔在大木桶里面洗了。

原来，这些野人想要把国王洗干净，然后再把他煮了吃。

就在国王感到绝望时，一个野人突然指着国王少了一根脚趾的脚大叫起来。这时，所有的野人都围了过来，他们盯着国王的脚看了一阵子后，非常生气地把他从木桶里捞出来扔到马车上，又带到树林里。

国王看到野人离开了，这才松了一口气，感叹道："幸好这群野人不吃身体残缺的人，否则我堂堂一国之王就要成为野人的食物了！"

话刚说完，他就听见四面八方传来大臣、士兵找寻自己的声音。就这样，他终于回到了皇宫。

国王回到王宫以后非常开心，看看那少了的脚趾，他就觉得自己幸运极了。于是，他又下令把智者从大牢里放了出来，并对他说："大师，对不起。你说得有道理啊，我的脚趾真是掉得'太好了'！"

"太好了。"智者又说。

这个故事说明：任何事的发生都是有原因的，只要心存美好的念头，看开一点，最后必将有利于我们。比如，我们经常对自己说"太好了""我很优秀"等话，那么，久而久之，我们就真的会做得更加出色。

可能很多人都不相信，我们的语言或行为是有一定能量的，而且，所有正面的语言行为也都是带有正能量的，它们能够吸引好东西——因为这是一种积极的心理暗示，能够激励我们进取。

因此，生活中不管做什么，我们都应该学会保持良好的心态。

海伦·凯勒说："只要朝着阳光，便不会看见阴影。"用广阔的胸怀看待生活中的人和事，用正确的态度去面对工作和生活，这样才能在困难与挫折面前不徘徊、不低头——因为办法总比困难多。

无论在什么时候，无论所处的环境多么艰苦，我们都不要消极下去，如此才能看到光明和希望。因为，只有活在希望中，光明才会伴随我们一生。